内向孩子是宝藏

如何挖掘和激发内向孩子的性格优势

张乐（Joy） 著

北京理工大学出版社
BEIJING INSTITUTE OF TECHNOLOGY PRESS

图书在版编目（CIP）数据

内向孩子是宝藏：如何挖掘和激发内向孩子的性格优势 / 张乐著 .
— 北京：北京理工大学出版社 ,2021.7

ISBN 978-7-5682-9842-1

Ⅰ . ①内… Ⅱ . ①张… Ⅲ . ①内倾性格 – 儿童教育 – 家庭教育
Ⅳ . ① B848.6 ② G782

中国版本图书馆 CIP 数据核字（2021）第 090964 号

出版发行 / 北京理工大学出版社有限责任公司
社　　址 / 北京市海淀区中关村南大街 5 号
邮　　编 / 100081
电　　话 /（010）68914775（总编室）
　　　　　（010）82562903（教材售后服务热线）
　　　　　（010）68948351（其他图书服务热线）
网　　址 / http://www.bitpress.com.cn
经　　销 / 全国各地新华书店
印　　刷 / 三河市华骏印务包装有限公司
开　　本 / 880 毫米 × 1230 毫米　1/32
印　　张 / 7　　　　　　　　　　　　　　责任编辑 / 宋成成
字　　数 / 150 千字　　　　　　　　　　　文案编辑 / 宋成成
版　　次 / 2021 年 7 月第 1 版　2021 年 7 月第 1 次印刷　责任校对 / 刘亚男
定　　价 / 52.00 元　　　　　　　　　　　责任印制 / 施胜娟

图书出现印装质量问题，请拨打售后服务热线，本社负责调换

自 ★ 序
preface

内向从来不是一种劣势，它是一件礼物。

我女儿小象读小学一年级时，曾参加过六年级的毕业典礼，当时几百个小豆包坐在礼堂里听毕业生唱《再见》那首歌。在高大的礼堂里，有一个小小的肩膀在微微抖动。小象泪流满面，一曲《再见》让她浮想联翩，她也许想到了自己毕业时也会离开老师和同学，长大后也会坐上火车离开父母。难过和不舍排山倒海般压过来，她用一己之力为礼堂营造了悲伤的气氛。旁边的A同学看她哭，觉得自己也应该哭一下，于是努力挤出两滴眼泪。B同学看到她俩都哭，惊诧不已，这首歌很好听，为什么要哭呢？我为这些孩子的不同反应忍俊不禁，我好奇地想知道其他小孩是什么心理。正巧闺蜜的孩子也在这个学校，我发微信问她，今天在毕业典礼上孩子哭了吗？她儿子的回答是：哭什么？我可没那么胆小！

面对同一件事情，不同的人有不同的解读和反应。只是这份不同，更应该在孩子小时候被父母发现并重视。小象会走路之后，随着她移动的半径变大，我发现，她是那种分分钟被群体淹没的孩子。不喜欢嘈杂的乐曲，不喜欢喧闹的生日聚会，不喜欢速度太快、参与人数太多的体育运动，不喜欢回答问题时被大家盯着看。总之，她在这个欢快的世界里过得并不欢快。

玫瑰和仙人掌都有刺，生长环境和栽培方式却完全不同，教育孩子亦是如此，当父母知道该何去何从，就会变得安全、淡定，成为孩子正确的领路人。

我是一名老师。从教15年，我见过脾气秉性各异的学生。而当自己初为人母，却完全忘了"独特"这回事，一旦小小的她没有呈现其他孩子的特征，我就坐立不安。直觉告诉我：如果还继续原来的简单养育，已不足够。于是我开始接触家庭教育，并且"一入其中深似海"。现在女儿10岁，这些年的学习、观察与实践让我受益匪浅，填补了养育的盲区，看到了自己认知边界以外的世界，尝试了更多可能，感到幸运至极。

我知道了孩子的天性各不相同，内向不是缺点，它和外向一样，是一个人的特点，不需要刻意改变。我在专注于探索内向孩子的特点时，竟然发现自己也是个内向的人，我先生也是。当我把这个重大发现告诉身边的人时，他们的反应都是——你内向？开什么玩笑！小时候，长辈们对我的内向性格进行了斩钉截铁的宣判：吃亏和受气。没想到长大后，却很少有人相信我是个内向的人。

自2014年开办"侨伊成长"工作室以来，我与0～14岁孩子的家长有了更多的接触和观察。我发现，有些内向孩子受苦的原因之一是家庭问题，正如南橘北枳，苦不堪言。遗憾的是，有相当多的父母不明白这一点。有的内向孩子被父母亲自贴标签，有的被父母不由分说推向不属于他们的群体，有的被强迫踏上陌生的节奏，更有甚者，还要被父母拉去看医生。

对内向孩子的研究对我在学校的教学帮助也很大，我会把多种关系模型代入教学中。我发现，内向学生在课堂上也有出色的表现，他们毕业后也会和外向学生一样，信心满满地走入社会。

在为人母这件事上，我不需要伟大，我更希望自己真实和清醒。万幸的是，我觉醒得比较早。世界上有1/3的人是内向的，在嘈杂世界里安静穿行的内向孩子并非只有我家这一个。作为父母，不管你和孩子的个性相似还是相差甚远，都不是问题。如果你性格内向，也许能容易理解孩子的感受，而且时刻提醒自己放轻松，就因为有你做孩子的父母，他们也许就不一定要重复经历你小时候的痛苦。如果你性格外向，那么可以起到榜样作用，示范如何轻松社交，如何与生活中的负面情形过招。

很多父母为了孩子好，会努力改变孩子"不好"的性格，然而必须承认，我们忽略了时代的力量。职业和个性的确有关联，但是30年前的父母怎能想到当年自己努力为子女规划工作并怀揣代代相传的美好愿景时，等到孙辈长大时，"那份好工作"竟然会消失呢。所以从另一个角度或者时间轴来看，我们现在认为的"好"不一定是孩子长大后的"好"，我们认为的"不好"也不一定真的"不好"。

人生处处是围城，养育过程也一样，安静的性格特质让很多"身心疲惫"的外向孩子的父母羡慕不已，因为他们的孩子总是"勇往直前"。内向孩子的父母又很期望自己的孩子拥有外向孩子那份勇敢和大方，因为他们的孩子总是"三思而后行"。如果把内向和外向比喻成一条颜色由浅变深的光带，一端代表内向，另一端代表外向，每个人都位于这条光带的某个点上，不是非此即彼的关系，当然也就很少有人绝对化地处于两个极端。也就是说，没有人是纯粹的内向或外向。二者并非极端对立，而是经常有重叠。总之，没有人完全属于哪一个阵营。本书提到内向或者外向时，一般是指"偏内向"或者"偏外向"。

性格虽然难以改变，但我们仍旧可以尽力向另一个方向延伸自己，延伸到一个恰到好处的位置。内向和外向在一个个体身上也可以得到很好的融合。比如，我朋友圈里有一位滑雪爱好者，他滑雪的视频经常令我看得眼睛发直，心跳加速。他站在高高的山坡上纵身一跳，翻两个跟斗，"嗖"一下稳稳落在雪地上，但从未受过伤，因为滑雪之前他从不忘记事先检查山坡和装备，他是个内向的人。我喜欢开车，但是我宁可早出门，也不会尝试超速，因此车技多年来毫无长进，但我很享受做一个胆小驾驶员的乐趣。

如果你也有个性格偏向色带内向那一端的孩子，读完本书希望你能减少一些焦虑，学会一些方法。世界上没有绝对的内向者和外向者，每个人的观念都会在与外界接触的过程中，不断地发生改变，既有可能被限制，也有可能被引导而得到有益的延伸。读完本书你会发现自己并非孤军奋战，内向孩子就在我们身边，你不但有众多的伙伴，而且可能还承担了"拯救"内向孩子以及他们的父母的责任。

在外向的世界中放眼望去都是优秀的孩子，当身边的孩子不太符合那些标准时，我从未沮丧过。很自然，这个孩子也认为选对了父母，她会把内向性格的特质赤裸裸地呈现给爸爸妈妈。是啊，当孩子感受到被爱包围和滋养时，还有什么可怕的呢。

感谢我的女儿小象，因为有她，这本书才能诞生；感谢我的先生，在养育孩子的道路上给予我支持和理解，并与我携手前行；感谢我的母亲承担了大量家务，让我可以心无旁骛地写作；感谢彭彭，我的完美搭档，在这本书的创作中给予我强有力的内心支持，并陪伴我走过工作室的艰难与繁荣时刻；感谢北京理工大学出版社的秦庆瑞老师看中我的选题，并且对新手作者给予宝贵的指导意见和鼓励！感谢我的学生和学员们，他们向我坦诚地说出自己的故事，这些丰富的案例使本书更加实用、饱满。希望这本拙作能给每位有缘阅读的读者送去一丝启发，哪怕只有一句话也好。感恩！

目 ★ 录
contents

chapter 4

第 4 章：内向孩子的社交，内敛中闪耀着光芒

chapter 5

第 5 章：做孩子的坚实后盾，帮他坦然面对挑战

chapter 6

第 6 章：三要三不法则，收获自信的内向孩子

chapter 7

第 7 章：为内向孩子搭建属于他的家，滋养他的一生

第 1 章
chapter 1

走进内向孩子的内心世界，
重新认识你的内向孩子

请想象有一条渐变色的光带，内向和外向处于光带的两端，每个人都处在这条光带上。一个孩子在出生之前，处于哪个位置已经基本确定了，但他自己并不知道。遗憾的是，有些孩子的父母也不知道孩子需要什么，即使知道了也不明白自己要怎样做才能满足这些需求。从某种程度上说，内向与外向是由先天的大脑和神经系统决定的，但我们依然可以适当地向光带的某端延伸自己，比如，敏感谨慎的人可以学着勇敢，容易冲动的人可以慢慢变得克制和内敛。此时，他们就需要一个领路人。

★ 内向一词从哪儿来？让大脑来回答

我虽然只是个小孩子，但我很重要，世界也可能因我而不同。

——福雷斯特·威特克莱夫特，美国学者

有两个小女孩是同龄伙伴，亦是好邻居。她们都拥有温柔又诗意的名字——可儿和若伊。可儿在楼下玩，如果没有大人喊她，能玩到月亮婆婆上班，而若伊的妈妈则看着家中给孩子囤积的各种户外运动器材叹气，她的女儿更喜欢宅在家中。

幼儿园老师发到家长群里的班级日常花絮中，可儿有更多的特写镜头，而若伊的妈妈经常在视频中无法找到自己的孩子，偶尔若伊小小的身影出现在镜头中，不是在角落就是在角落附近。

圣诞节快到了，两位妈妈带着她俩去参加制作姜饼屋的手工活动。同样的材料，同样的教程，可儿大刀阔斧，一大张姜饼原材料瞬间被裁剪若干片，两片墙壁的拼接处粗糙毛躁如锯齿般，看着自己一手打造的毛坯房大功告成，虽然墙体倾斜，但可儿表示非常满意，并饶有兴致地吃起了散落在四周的姜饼边角废料。我们再来看另一个孩子：若伊谨慎地比量着每片墙壁的尺寸，仔细地斟酌每一个摆件的位置。圣诞老人站在门的左边还是右边？驯鹿的头朝向门里面还是门外面？若伊的犹豫像一条无声的河在她自己的构思中缓慢流动。一个小时过去了，可儿已经开始在甜品店里溜溜达达，寻找其他乐趣，而若伊的作品在妈妈"没有事物是完美的"安慰声中，遗憾地收工了。

为什么两个孩子如此不同？从脑神经科学家和心理学家所做的大量研究中得出的结论是：两个孩子在大脑和身体方面的构造不同造成了她们对同一情境的反应不同。内向和外向这两个词，就从这里开始讲起吧。

荣格是第一个使用内向、外向来描述不同性格的心理学家。内向者被内在世界，即感受和想法所吸引；而外向者，则对外在世界，即人群及其活动充满兴趣。现如今，从三岁小孩的口中都可以说出"我很内向"，也就是说，人们轻而易举就会把这个词用来形容或者界定某个人的性格。内向在交流环境中，早就不是一个难理解的词。遗憾的是，大多数父母对内向这个概念到底意味着什么却懵懵懂懂。事实上，关于内向的研究成果无论是心理方面还是生理方面都颇为丰富。世俗的界定方法看似有些道理，但也从一个侧面暗示：内向是不好的，而真相是，内向性格有其生理基础。我们来听听大脑怎么说（暂且把内向孩子和外向孩子的大脑分别叫作阿内和阿外）。

阿内：我的主人一生下来就表现出明显的气质倾向，她喜欢安静地吃奶和嘤嘤地啼哭。

阿外：我的主人一边吃奶一边挥舞着小拳头。

阿内：作为人类的大脑，我们拥有至少60多种神经递质，但我最终爱的神经递质是乙酰胆碱，它的特征是休息。

阿外：我更喜欢多巴胺，它的特征是动起来。对我来说，活动就等于休息。

阿内：你喜欢出去玩，那种动起来的玩对我来说是能量消耗，对你来说是能量恢复。这个细节极大地影响了别人对内向孩子的看法。比如，在学校里，外向是对一个孩子最大的肯定，所以在课堂上，我的主人经常被忽视。

阿外：是的，我经常听到很多父母拿我和你比较，他们似乎希望让你像我一样。

阿内：唉，有些父母妄图把内向孩子培养成外向孩子，这不仅对孩子有害，而且徒劳。实际上，内向是一种与生俱来的气质，它决定了人在面对环境时的反应和行为模式，并伴随其一生。所以啊，我怎么可能变成你呢？

阿外：但是我们可以做好朋友呀！

阿内：当然。尽管我和你具有不同的神经传导回路，但路不同，风景自然不同，我和你拥有各自的精彩。

阿外：好哇好哇，快说说我的精彩在哪里？

阿内：比如在信息处理方面，你反应迅速，而我处理信息的时间稍长，但我能把更多的复杂信息、思维、情感整合到一起，这就是我的主人在回答问题前要思考很久的原因。

阿外：可是我忘得也快，不过，对于不开心的记忆倒是好事。

阿内：对，在记忆方面，我更擅长长时记忆，这给我的主人提供了大量的资料储备；而你的记忆虽然来去匆匆，但这也是一种效率呀。

阿外：你总是夸我，我都不好意思了。

阿内：这是事实呀，不过，在行为方式上，我更谨慎，我从不心疼自己在观察上所花费的时间。

阿外：你的意思是我鲁莽冲动吗？这我可不爱听。

阿内：当然不是，你比我更果敢，你们当中有很多领导者和决策者呢。

阿外：哈哈，你们当中总是会产生很多哲学家、科学家，总之都是善于思考的人，比如爱因斯坦……

阿内：是的，有很多喜剧明星也是内向者，比如周星驰……

如果你有个内向孩子，听完阿内和阿外的对话，你是否对自己的孩子有了新的认识，并且开始"认命"——原来这一切都是天生的。与此同时，你是否也有一种拥有一个"天才"的窃喜。放眼世界，不难发现，很多伟大的创造，比如苹果电脑的诞生就来自内向者的创意。如果你以前把内向孩子安静的性情当作麻烦和阻力，现在需要重新看待这个问题，因为内向孩子安静的性情中蕴含着一种超强的力量。

孩子的世界也是由内向和外向组成的，但没有绝对化的内向和外向的孩子，二者可以互相向对方的领域合理地延伸。内向孩子在遇到感兴趣的事物时也会偏于外向，而外向孩子虽然喜欢热闹，但也需要停下来静一静。内向孩子的身上也兼具有内向外向两种特质，他们看情形的需要来适当展现。比如，内向孩子喜欢与人为伴，但更喜欢独处；善于交际，也更甘于寂寞。假以时日，仍有很强的自我塑造能力和发展空间。别忘记，世界是每个人的实验室。

我相信，在阅读本书的过程中，你的心态一定会逐渐放松。自信的内向孩子和内向的自信孩子，这两种表述都存在且都有意义。甘地说过："用一种温柔的方式，你也可以撼动世界。"

★ 内向孩子的性格密码——优劣清单

幻想光明是没有用的，唯一的出路是认识阴影。

——荣格，心理学家

在本节，你会看到两个清单：内向孩子的劣势和优势。这两个清单犹如一幅地图，清晰地展现在你面前。你可能会看到这里有一座山脉，那里有一条河流，但长久以来，却一直未能看到，在某个位置，还有一个峡谷。请先不要急着去改变地形地貌，也不要对着这幅地图审时度势来计划开展新的测绘。我们在本章的任务，就是邀请你——内向孩子的父母，静下来，阅读这两个清单，仅此而已。如何发现孩子的优势，如何把劣势转化为优势，是未来章节要探讨的内容。"阳光总在风雨后"，我们就先来看看内向孩子的"风雨"部分吧。

劣势

1. 社交回避

内向孩子多数会拒绝参加不熟悉的活动，就算参加也需要相当长的热身时间。对一些内向孩子来说，仅仅想到要和不熟悉的孩子玩耍，就可能感到有压力。跟两个以上的孩子互动容易失败，所以参加集体活动对内向孩子来说可能是一种不小的挑战。

2. 容易疲劳

当人多、环境太吵、天气热、时间紧，或者处于负面情绪时，内向孩子就会消耗许多精力，更容易疲劳。他们像一块待机短的电池，而休息就是他们的充电方式。他们需要安静的空间来蓄能，以备再次起航。

3. 选择困难

内向孩子喜欢不断地打磨自己的想法，善于长时间思考一个问题。只有在他们完全理解了某一概念后，才会做出选择。遗憾的是，现实往往不会给他们提供充裕的时间。比如，有个孩子纠结买哪种颜色的钢笔，实在选不出来时，他会把决定权交给妈妈或者抛硬币决定。

4. 开不起玩笑

内向孩子的情感反应比较缓慢，尤其是处于紧张状态时，容易误解别人的想法。比如，明明是善意的玩笑或者正常的聊天，内向孩子会把它解读成另一番模样，并且在别人诧异的眼光中变得不知所措。当他们感到自己无法掌控周遭事物时，会哭泣、发愣，甚至发脾气。

5. 产生灾难性想法

内向孩子更容易接收和储存负面信息，比如，失败、地震、世界末日等，对别人给自己的负面评价要比外向孩子在乎得多，如果老师是批评别人，内向孩子也会投射到自己身上并感到恐惧。

6. 自我意识很强

内向孩子有自己的见解和主张，善于深入思考，这就势必会造成固执和我行我素，有时会导致自己成为别人眼中的异类。

7. 害怕成为焦点

内向孩子对"出类拔萃"并不那么痴迷，而是尽量避免被关注。比如，当着全班同学的面发言是一件令他们紧张的事情。他们往往不会积极地参与小组讨论，而在小组内的分工角色里，也往往更愿意成为那个负责记录的人。

看完以上"七宗罪"，你的心情是起伏不定还是能够泰然处之？这是一本充满悬念的书，会让你越读越欢喜。这个世界是公平的，内向孩子天生的脑部特征使他们拥有很多外向孩子不具备的优势，就像一笔无形的资产，稳稳地扎根在身体中。让我们快乐地走进内向孩子的"阳光"清单吧!

优势

1. 富有哲学气息的内心世界

"蚊子只是咬了你一口，为什么你却要打死它?"

"我觉得从黑白照片到彩色照片并不是进步，反过来才是，因为把任何东西变成黑白两色是很难的一件事情。"

"骂人者无外乎出于两个目的：一是说别人傻，二是为了证明自己正确。"

这都是内向孩子想出来的问题。内向孩子的内心世界，鲜活又深邃。因为他们擅长专注思考，所以才能更深入地研究事物的含义。

2. 热爱学习

他们从很小的时候就爱阅读、爱观察。如果你肯花一点儿时间陪一个内向孩子打开话匣子，就会惊讶地发现在某个领域，他懂得远比一个成人要细致和专业，从恐龙的前世今生到世界各国汽车的种类，知识面之广，令大人咋舌。有意思的是，有些内向孩子的父母反而怀疑孩子智力有问题，因此错失了很多发现自己孩子求知欲的机会。

3. 擅长艺术创作

有个女孩在时装设计课程中，面对老师给的T恤和半裙的拼接要求，她大胆地剪掉了两只袖子，最终的成品反而具有流畅的线条感。内向孩子善于捕捉生活的花絮，并且以独特的视角将这些片段重组。他们也很喜欢畅游书海，任由各种想法在头脑中驰骋，给《绿野仙踪》编出十几集续集是常有的事。许多作家和艺术家都是内向者。

4. 专注

内向孩子更中意安宁和清静的环境，他们能够做到长时间地自娱自乐。比如，一个人分饰多个角色，把一场过家家玩得有声有色。他们非常喜欢在专注中吸取能量，看似发呆，实则大脑忙个不停。专注地思考和做事对他们来说既是能量的补充方式，也是兴趣所在。

5. 善于倾听

这在喧闹的社会中是一种很稀有的品质。倾听是个良好的习惯，可对于大多数人来说，这个习惯并非与生俱来。对内向孩子来说，倾听既是一个听的过程，也是一个学的过程，所以他们很少打断对方，很愿意听别人发表意见，然后在头脑中进行分析与整合，作为思考的素材。

6. 很会聊天

这是内向孩子最出人意料的天赋之一，他们善于提问题，也善于评论问题，能准确记住别人的谈话内容且能保守秘密。不插嘴而且保持专注，即使聊得很开心，也是连小动作都很少有，像小绅士或者小淑女一般。

7. 谦虚谨慎

在当今这个名人时代，似乎每个人都渴望成为众人瞩目的焦点。和那些求胜心切的孩子相比，内向孩子更加内敛自持，这和自信并不矛盾。在班级里，把手举到老师鼻子尖的孩子未必拥有踏实的信心，而内向孩子被叫起来回答问题时也许会语惊四座。

这个外向的社会，似乎对内向孩子不那么友好，很多优势与美德极易被埋没。纵然有一万双眼睛看不见他们，但只要有一双眼睛能看见并懂得内向孩子的世界，发现他们朴实又珍贵的天赋优势，他们就是幸运的。以上清单所提及的内向孩子的特征，在他们的人生长河中，仅仅是沧海一粟。无论天赋的优劣，孩子都需要生命中重要的人来发现并栽培自己，那就是父母。内向孩子可以选择自己的行为，也可以选择去信任谁，但拥有懂自己的父母，是内向孩子成功的最重要因素之一。你也许发现，在劣势与优势清单中，有时是在讲同一个问题。比如，在劣势清单中，"自我"看似固执，但在优势清单中，这种"自我"便发挥为一种创新。

孩子在父母身边的时间其实不长，把了解他们的过程当作一段无比奇妙的旅程吧，这个过程并没有多难，而且你还会有很多意外收获。在一个全然被爱、被接纳的环境中，孩子也会慢慢认识到做一个性格内向的人是很快乐的事情，并且学着在外向的世界中茁壮成长。这时，身为父母，你的生命也将得到极大地丰富和满足。

⭐ 内向和害羞是两码事

对我们来说，不同是力量的来源——只要别用它来对付我们。

——珍·贝克·米勒，心理学家

容易脸红、胆小、待在家里不出来、玩游戏不投入、害怕陌生人、容易哭……如果一个孩子呈现出了以上这些特点中的一种或几种，其可能会被认定为内向或者害羞。这种坊间的界定对于内向孩子是不准确的，甚至是不公平的。内向孩子有可能害羞也有可能不害羞，害羞的孩子却不一定内向，而外向的人也有可能害羞。害羞与内向这两个概念，既有交叉，又有不同。

妮妮的妈妈看到很多人给孩子举办生日派对，把房间布置得如童话世界一般，小寿星打扮得如仙女下凡，孩子们吃吃喝喝做游戏，大人们叙旧聊天。这样的画面很难出现在妮妮家。对于天性安静的妮妮，她的妈妈可谓"处心积虑"，不断策划着各种活动，希望妮妮也能像别的孩子那样张大嘴巴笑，拍照时能喊"耶"并且直视镜头。妈妈满心期待地把派对图片给妮妮看并问她是否喜欢，她用一种不属于五岁孩子的沉稳说了句："我不想举办生日派对。"妈妈精心设计了一个月，到头来还是一厢情愿。

珺珺也是个五岁的女孩，和妮妮不同，她做梦都想开生日派对，也非常想参加派对，但是，每次在这样的场合，她的妈妈也总被弄得焦头烂额。有一次，珺珺为每个小朋友准备了一个泡泡枪，但迟迟不好意思拿出来，在示好与退缩之间反复折磨自己，等她终于准备好时，小朋友们已经去玩别的了。珺珺的期望与现实并不相符，现实中她不是紧张焦虑就是哭哭啼啼，甚至会中途离开，在妈妈的一系列"再也不带你来了"的批评中结束这次活动。

我们来观察一下妮妮和珺珺这两个孩子。妮妮看上去像害羞，但实际上不是。妮妮只是呈现出内向孩子的典型的特征之一——喜欢独处，这并不意味着她缺乏与人交往的技巧。（要知道，内向孩子可是聊天高手呢，这部分会在第三章探讨）她只是不喜欢嘈杂的场合，被音乐和美食充斥的生日派对并不能使她兴奋。至于自己是否会受到关注，妮妮并不在乎。害羞的孩子在派对活动中内心是打鼓的，他们渴望被关注，希望大家喜欢自己，但缺少社交的技巧、思维、心态，并且时时担心自己不受欢迎，也就是说，害羞的孩子缺乏自信，自动把自己放在一个"卑微"的位置，内心的声音是"我不行，万一大家不喜欢我怎么办？"所以这就很好地解释了珺珺的行为。

而内向孩子不喜欢某种场合，不代表他们害羞。他们一般会呈现出慢热的状态，需要花点儿时间来评估环境。当然，他们确实非常喜欢独处，常常独自玩耍。可能我们对内向孩子需要做的事情是：鼓励他们走出去。最后，妮妮的妈妈放弃了在自家开生日派对的念头。穆罕默德说过："山不走过来，我就走向山。"

某个周末，妮妮的妈妈问："你在家待了一上午，下午跟我去王阿姨家吧！"

"不去"。妮妮没有回头，她正在给她的毛公仔们开会。

"我知道你不想去，不过你肯定会在她家玩得特别开心，我敢保证！"

妮妮的眼睛亮了一下。

"我猜你会和她家的小哥哥玩得开心，如果我猜错了，你一定会和她家的鹦鹉玩得开心，如果你对鹦鹉不感兴趣，她家还有双胞胎狗狗，名字特别可爱，一个叫豆丁，一个叫豆包！如果小哥哥、鹦鹉、狗狗，你都不喜欢，她家还有乌龟和仓鼠，而且都是真的哦，可不是你这些毛公仔……"

"她家还有谁？"

"只有王阿姨和小哥哥呀。"

"好吧。"

那个下午，妮妮在王阿姨家的表现比妈妈预想的要出色。回家的路上，妈妈说："有时候做决定确实不太容易，事实证明，这个下午你很开心，我也很开心。"

这样的暗推非常柔和又不失张力，既能得到支持又能感到安全。在尊重天性的前提下，鼓励孩子尝试，必要时伸出援手，拉他一把，让孩子既能感受到被理解又能体验到成功的喜悦。话说回来，鼓励一个宅娃走出去，要小步前进，就这个例子而言，伙伴不宜过多，场域也不要太大。

在公开演讲、上台表演这类"抛头露面"的事情上，内向孩子和害羞孩子表面都会紧张，但内心戏却不同。内向孩子是可以有信心的，虽然他们不会像外向孩子一样表现得若无其事，但临阵脱逃的可能性很小，只要平时训练有素，往往会在舞台上正常发挥，甚至有出色的表现。害羞孩子不相信别人会对自己感兴趣，他们的关注点更多放在别人是否喜欢我上面。害羞呈现出来的是扭捏和缓慢，有的孩子会大哭甚至放弃。内向与害羞虽然不同，但有时二者又会有交叉。帮助一个害羞孩子变得勇敢和豁达，不能一蹴而就。很多帮助内向孩子的技巧与方法对于害羞孩子也适用。不管怎样，有一点可以肯定的是，对于无法改变的神经传导回路，家长仍然在气质培育过程中起着至关重要的作用，你的方式方法和教养态度在默默调整着孩子的行为甚至思维方式。记住，不要失去耐性。

内向孩子测试：你的孩子是内向孩子吗？

① 一个人待在自己的房间或者喜欢的地方能让他觉得精力充沛。

② 如果一本书或者一件事让他感兴趣，他会全身心投入。

③ 说话或者做事时讨厌被打断，他也很少打扰别人。

④ 参与游戏之前，先观察。

⑤ 在拥挤的人群中或者长时间处于喧闹场所会让他烦躁不安。

⑥ 倾听时很专注，也能与别人有很好的眼神交流，但他说话时倾向于不与人对视。

⑦ 疲惫或者置身于一大群孩子中时，身体会静止或者面无表情。

⑧ 有时反应迟缓、犹豫、低调。

⑨ 需要时间思考才能回答问题，回答前可能还要打腹稿。

⑩ 在外安静，在家是话痨。

⑪ 不善于炫耀自己的成绩。

⑫ 密集的日程安排会让他精疲力尽，无所适从。

⑬ 说话声音小，有时说话会停顿，或者边说边想。

⑭ 对自己的内在情感和思想的反应非常敏感。

⑮ 不喜欢成为大家注意的焦点人物。

⑯ 同学们对他的评价可能是：安静、胆小、含蓄，或者冷漠。

⑰ 善于观察，注意细节。

⑱ 做事喜欢稳定的节奏，需要足够的时间充分适应环境才能有良好的表现。

⑲ 考试日期快到时或者开学前会让他感到紧张。

⑳ 可能认识很多人，但好朋友只有一两个。

㉑ 喜欢创造性的事物，愿意参与具有想象力的游戏。

㉒ 参加聚会或者集体活动后，即使很开心，也觉得非常疲惫。

㉓ 凡事愿意想到消极的后果。

㉔ 容易曲解别人的评论。

㉕ 性格细腻，感情丰富。

在以上25个问题中，统计答"对"的次数总和，如果结果是：

17～25你的孩子拥有内向的气质类型，要帮助他学会保存精力，更重要的是让他知道，你理解并且接受他的气质。

9～16你的孩子处于内向外向的中间值，兼具两种性格特质，既可以坐下来，也愿意跑出去。要帮助他评估和选择适合他的活动类型和活动时间。

1～8你的孩子拥有外向的气质类型。外部世界的丰富的人事物让他兴奋并充满活力，他们会长时间保持活力四射的状态，要帮助他们适当地休整和思考。

如果以上测试结果还是不能帮助你确定，在确保与孩子朝夕相处的前提下，你可以问一问自己：他需要通过独处或者与某个特定的人相处来感到放松吗？他在大多数时间里借由安静的思考来恢复精力吗？他在压力面前会表现出退缩吗？如果确实是这样，他的气质就是偏内向的。

（改编自《内向孩子的潜在优势》）

第 2 章
chapter ❷

打开内向孩子的情绪密码，
理解他的内在感受

情绪是内向孩子的另一种语言，他们的情绪更具有复杂性和隐蔽性，有一些显而易见的情绪问题在内向孩子身上却是谜团。不巧的是，这个世界上外向的人比内向的人多，没有办法也没有必要改变这个比例；遗憾的是，有些内向孩子的父母只看到行为，忽略了更为宝贵的情绪；幸运的是，有越来越多的父母能够听懂内向孩子的语言，读懂他们的内在感受，使内向孩子的想法能够逐渐接近外向世界，并且在外向的世界中健康成长。

★ 寻找情绪线索的秘密武器——每日倾听

站起来说话需要勇气，坐下来倾听同样需要。

——丘吉尔，政治家

森森是我的侄女，一年级入学那天，她是全班唯一一个看到家长离开之后哭鼻子的孩子。看着小小的背影背着大大的书包走进教学楼的那一刻，妈妈的鼻子也酸了。她在学校开心吗？她遇到困难会向老师和同学求助吗？学校的饭菜爱不爱吃？上课不举手怎么办？举手了老师不叫她怎么办？

妈妈在心里不断上演"灾难片"。是的，森森胆小又安静，崭新又陌生的小学生活就这样拉开了帷幕，即便提前三个月时，妈妈就已经把上学的用品准备得妥妥当当，真正入学这一天，妈妈对森森的担心还是排山倒海地袭来。上午十点，为了让新生家长放心，班主任发到家长群里一张照片，一大群有着天真笑脸的孩子高举剪刀手，森森毫无悬念地坐在那里，面无表情。

森森妈问我："小象上学时你难过吗？"

我说："当时心情复杂得很啊。除了难过和不舍，还有感慨和激动，她长大了。"

淼淼妈眼圈一红："我心里空落落的，看其他家长有说有笑的，我真没出息。今天送孩子的场景让我感觉她要离开我了……哎呀，不说了，眼泪快掉下来了。"

我说："现在不说啥时候说呀？憋在心里多难受，说吧。"

于是淼淼妈在那个下午和我聊了很久，而我则默默地听着。离开时，她说感受到了倾听的力量，内心强大了许多，而且还有了一个灵感。

从那天开始，淼淼妈和孩子制订了一个"每日倾听"计划，母女俩每天都要分享各自的开心与烦恼，可能是饭后，也可能是睡前，将事件倾诉出来，让情绪流淌出来。从这些只言片语中，妈妈可以了解淼淼白天在学校的生活状况，捕捉到她情绪的变化。"每日倾听"计划看似是很简单的聊天，如果失去了尊重和真诚，可能聊一次就全军覆没了。这不，刚开始进行没多久，淼淼妈就差点让自己的美好创意毁于一旦。

倾听总方针——好坏消息，照单全收

有一段时间，连续好几天，淼淼到家就和妈妈说她今天有好几条坏消息。不是和同学闹别扭就是学校的米饭太硬了，甚至连天气热也算作一条坏消息。开始妈妈还能耐心倾听，但有一天终于忍不住了："你能不能放学回来和我说点儿好消息？"淼淼一愣，眼神中划过一丝哀怨，默默地回房间写作业去了。后来的几天，淼淼回家后真的没有带来坏消息，但也没有好消息。她间歇性地封闭了和妈妈沟通的心门。淼淼妈急得又向我求助。

我说："你希望听到好消息，说明你潜意识里希望孩子天天快

乐，但很遗憾，天天快乐的人是不存在的。你希望孩子是真实的人还是不知人间冷暖的天使呢？"

淼淼妈恍然大悟："就算天天都是坏消息又怎样呢？她之所以把坏消息带回来，还不是因为对我的信任吗？如果在家庭这个最安全的环境中都不能畅快倾诉，孩子还能到哪里去说呢？又说给谁听呢？"

学校的规矩比家里多，内向孩子通常都很遵守规定，外界无法给她足够的时间消化自己的感觉，家庭是他们迫不及待想要回归的安全巢穴。从那次以后，妈妈无条件接纳淼淼带回的一切消息，让孩子充分感受到：永远有个懂我的人在倾听；在家里，我始终有情绪的出口。淼淼和妈妈几年的实践和坚持，形成了关于倾听的法则和态度，虽然中间磕磕绊绊，但是这个亲子沟通过程，就是像走平衡木一样，只有不断地调整和觉察，才能建立信任关系。

倾听的态度——感觉好才能做得好

因为看电视的事情，妈妈刚批评了淼淼几句，如果接着开展"每日倾听"计划，两个人势必都带着火药味，此时应该做的是冷静。在这段特殊时光开始之前，要确保双方的情绪和身体状况处于良好状态。比如，困倦饥饿或者当某一方处于负面情绪时，都不适合开展"每日倾听"计划。

倾听的法则1　不强迫

妈妈：淼淼，今天在学校你最开心的事情是什么？

孩子：没有什么。

妈妈：那妈妈和你分享一件我开心的事……

孩子：我也有一件开心的事。

不要逼迫孩子说。他可能暂时没有思路或者不想说，又或者他真的没有值得开心的事情。妈妈只需说出自己的就好。"每日倾听"计划并不意味着交换，即我说了你就一定要说，那样会制造出一种压力，这个倾听计划也就流于形式，失去了真诚的色彩。只要妈妈是在认真分享，这个过程就可能会让孩子产生灵感，激发起倾诉的欲望。

倾听的法则2　不评判

妈妈：你今天不高兴的事是什么？

孩子：美术课时老师发彩笔，我去的时候，好看的颜色都被抢光了。

妈妈：你为什么不早点儿去？现在知道磨蹭的后果了吧？

孩子：我没磨蹭！

孩子只是想倾诉一下，希望得到理解，有时未必需要家长提供解决方案。如果妈妈这么回应，无疑切断了后续的谈话。孩子从妈妈的语气中感受到了不满和责备，妈妈把本来好好的一道安全屏障击倒了，前期营造的分享氛围也消失了。试想，当妈妈再次发起邀约时，孩子还愿意张口吗？在这个过程中，妈妈只需要认真地简单回应即可。妈妈可以从分享中得到一些关于孩子今天情绪问题的线索，但不做任何评价。可以问孩子怎么解决问题，即使他给出的方案不合理，也要让他说完，这是家长了解孩子心理非常宝贵的机会。

倾听的法则3　不要含沙射影

妈妈：你今天不开心的事是什么？

孩子：没有不开心的事。

妈妈：那我说说我的吧，我今天不开心的事是有个小孩进电梯时没和邻居打招呼。

孩子：（沉默）。

切记，说不开心的事不要和孩子有关，否则这个特殊的聊天时光就很可能演变成审判时光了。很多大人都爱犯这个毛病，营造了和谐的气氛，然后拐弯抹角地批评孩子。这样做最大的危险是，孩子会识破父母的想法，之前建立的理解与信任都会崩塌，再让他和你聊天、谈想法，门都没有。

倾听的法则4　不打断

妈妈：今天我看到一则新闻，一架飞机飞到一半没有燃料了，如果你是机长，你会怎么办？

孩子：我会要所有的乘客系好安全带，然后我就带着降落伞跳下去。

妈妈：作为一个机长不能抛下乘客而逃生，这是职业道德，而且你如果真的打算一个人逃生，就不应该跟乘客告别，这会引起现场混乱的。

孩子：我还没有说完！我去找燃料，我会回来的！算了，不和你说了！

和孩子沟通时要让他们把话说完，但是大人通常愿意插话，似乎不马上问明白就再也没有机会了一样，有时，即使强忍着让孩子把话说完了，但话音刚落，大人的提问就像机关枪一样朝孩子发射，不给他喘息的机会。

家长经常问的问题是，我该怎么说？我该怎么做？其实最重要的应该是我该怎么听，是带着控制心去听，还是带着好奇心去听，效果是不同的。鼓励孩子倾诉，是建立在尊重的基础上，不管他说的是不是正面的，也不管他是不是问了不该问的，只需让孩子感到，在父母这里，倾诉不会被禁止，就像日常交流晚餐吃什么一样，正常、简单、轻松。

这个每日倾听的习惯，淼淼妈和淼淼已经坚持了三年。现在，淼淼马上就升入四年级了。她骨子里的内向气质没有变化，但是在妈妈和老师的帮助下，情感逐渐变得坚韧，性格更加开朗，勇气和自信都在潜移默化地生长。相信到青春期，乃至在未来，淼淼依然能够和妈妈保持这样的连接。祝福她们。

★ 按压式 VS 旋钮式，两种情绪开关用哪个?

在焦虑、愤怒以及想要去制服的愿望的旋涡里，最重要的是我可以去发现爱。

——皮耶罗·费鲁奇《孩子是个哲学家》

安安妈妈下班回来时，发现家里气氛不对。果然，安安红着眼睛从她房间里走出来，看到妈妈后，又哭了。姥姥站在旁边开始讲述原因，祖孙俩一个委屈地哭，一个委屈地说。

事情的经过如下:

下午，亲戚家的小弟弟来家里玩，相中了安安的毛公仔汉堡包，小弟弟回家时，还抱着汉堡包不撒手。于是姥姥给汉堡包拍了张照片，然后就慷慨地将它送给了那个小孩。姥姥对安安解释说，姥姥已经把汉堡包拍下来了，这就去淘宝给你再买个一模一样的。安安大哭不止，姥姥"自觉理亏"，当即又表示给安安买两个! 但安安还是哭。姥姥没辙只好追下楼把汉堡从小弟弟手里要了回来。姥姥本以为玩具失而复得，这回总可以了吧? 没想到，安安这眼泪就跟天漏了似的，哭了一下午。

姥姥也很委屈，话语中还带着责怪:

"小小年纪也得懂得礼尚往来，人家每次来都给你带礼物，你给人家一个玩具怎么跟掉块肉似的呢?

内向孩子是宝藏

"这孩子太任性了。再买一个不行，买两个也不行，给要回来了还是不行，怎么都哄不好了！

"已经九岁了，怎么这么不懂事？"

后来呢？到底安安什么时候不哭的？不哭后是很快释怀还是继续闹情绪？我先卖个关子。

我们都希望培养心理健康、适应力强的孩子。尤其是内向孩子更要学会以适当的方式释放情绪，而不是压抑情绪，而哭泣，是人类释放情绪最自然的方式。

止住孩子的哭泣，这是大人的一种心理本能，但当他们失败时，就会用愤怒和焦虑掩饰自己的无力感。所以使用了浑身解数的姥姥就会牢骚满腹：哭一哭就行了，再哭可就是无理取闹了啊。

《游戏力》的译者李岩老师曾把负面情绪比作电灯开关，有按压式开关和旋钮式开关。前者的工作原理是一键操作，电灯就会点亮或灭掉。后者是慢慢旋转按钮，灯光会由强转弱，直至彻底关闭。从姥姥慷慨地把安安的玩具拱手相让开始，安安的情绪就来了，并且激动而猛烈。姥姥也在努力地做情绪疏导员，比如，承诺安安加倍偿还，甚至使用了终极办法，放下面子去人家手里要回来，但这些做法都是按压式开关，都是想用一个"短平快"的办法来迅速止住孩子的眼泪，让世界回归安宁。

当我们把情绪和事情混为一谈，试图通过处理事情来安抚情绪时，就等于是在用按压式开关进行机器人式的操作。比如，玩具被送走你不开心，那我要回来便是。我们想当然地认为这样就可以安抚孩子了。诚然，对于有些孩子，这种做法是奏效的，只要物归原主，孩子就会破涕为笑，但对安安这样的孩子，在负面感受袭来时，其内心像一捆拆散的麻绳，各种不舒服的感受和想法纠缠在一起，这时姥姥的那些道理和方法，不但不会起到疏导作用，反而使孩子的情绪更加淤堵。这就很好地解释了为什么安安像个上了发条的娃娃，哭个没完。

那么安安的哭是怎么结束的呢？

妈妈让姥姥下楼去散散步，房间内只剩安安和妈妈两个人。

"妈妈知道，你既委屈又生气。今天下午发生的事情，你纠结的不是玩具本身，而是姥姥没有征得你的同意就把你的东西送人这样的做法，让你觉得不被尊重。"妈妈这话一说完，安安的两行新泪水立刻流了出来。

妈妈刚要把手伸过去抱抱安安，安安一耸肩膀，不让碰。妈妈深吸了一口气，她了解安安，她还没准备好接受来自外界的安抚，包括肢体接触，这会让她再一次感到自己的权利被侵犯。

安安把自己裹在被子里大概三分钟后，妈妈感觉时机差不多了，说："妈妈想跟你说会儿话，能拉着你的手说吗？"安安说不能。"妈妈能拉着你的脚说吗？"安安也说不能。妈妈再换一句："妈妈能拉着你的鼻子说吗？"安安被逗笑了，最后决定让妈妈拉着自己的小手指头说。妈妈就拉着安安的小手指说道："安安是个有爱的孩子，懂得分享的礼节，我清楚地记得你曾经把你非常喜欢的乐高送给了小弟弟，但同时，你是玩具的主人，给还是不给，无论何时，你都有权利决定。"

安安默不作声地听着，但是情绪已经完全平静了，眼泪也止住了。

妈妈开始握住安安的手继续说:"我小时候,你姥姥和姥爷工作忙,街坊邻居、亲戚朋友照顾了我很多,姥姥就自然形成了与人为善、知恩图报这样的信念,所以她经常把自己的好东西送给别人。这是她多年的习惯和信念,我很理解她。"

安安听到这里,眼圈又红了,但是眼神中流露出了理解和感动。

妈妈又说:"我们也看到了,姥姥为了哄好你,做了很多努力,但你一直都不开心,姥姥也感到很挫败呢。"

安安不说话,也不抬头,小手一直在抠脚。

"姥姥可能不太懂一个词:界限。她拿你的东西送人,这是不对的。我们怎样做才能防止这类事情再次发生呢?"

安安撇着小嘴说:"告诉姥姥呗。"

妈妈又故意做无奈状说:"要是姥姥记不住怎么办?"

安安说:"那我就提醒她。"

"好,我们下次清楚地向姥姥表达自己的权利就好,但记得要有礼貌哦。"

安安忽然蹦下床,跑到书桌前拿出画笔和纸,快速给姥姥写了一封信,然后放到了姥姥的床上。

安安妈妈了解这个孩子,她已经明白了全部道理,也释放了全部情绪,只是还在竭力维护着自己的小自尊,还做不到站在成人面前字正腔圆地表达意愿,但已经可以用书写来代替了。

睡觉前,安安让妈妈给小弟弟再买一个玩具汉堡包,而且还比自己多了一样——薯条。

⭐ 内向孩子有个负面信息库

我们不用对别人的行为承担责任，但是我们对我们如何感受和看待他们却负有责任。

——皮耶罗·费鲁奇《孩子是个哲学家》

楠楠在妈妈车里听到了一首曲子，便不知不觉流下泪来。读故事时，每当出现死亡、分离这类的情节，她就会一头扎进被子里，开始哭泣。妈妈紧张地问她怎么了，楠楠说自己也不知道为什么，就是忽然感到难过。

有个小男孩叫大勇，但他并不英勇，每次坐飞机之前都会反复问妈妈："飞机会不会掉下来？你系好安全带了吗？"有一次因为飞机开始滑行后妈妈的手机还没切换到飞行模式，大勇急得哭了起来。

小象兴奋地拆开快递盒子，一套旋转木马的乐高呈现在她面前，前一秒还开心灿烂的脸上，忽然闪过一丝担忧："妈妈，要是缺个零件怎么办？"

对于未知的事情，内向孩子的大脑会本能地竖起警报，先把可能发生的状况担心一遍。这不怪他们，是大脑指挥他这样做的。胡乱搪塞和责备无疑会加大他们的惶恐和不安。所以接下来，我和小象就"乐高一旦缺零件"这个场景会有这样的对话：我先告诉她一般情况下不会缺零件，她追问万一缺呢？我再告诉她我会让卖家补发一份。我给出"安心丸"，小象才能心安理得地去玩。

情感细腻、触景生情、患得患失，这些词用在内向孩子身上再恰当不过了。他们拥有强烈的情绪并能进行深刻的思考，极其具有同情心，对别人的痛苦感同身受。他们关注自然灾难，也会对虐待动物感到哀伤，并且这种伤感的调子久久挥之不去。如果老师大声批评某个同学，他们会紧张地发抖。他们的内心好像有一堵伤感之墙，难过伤心的经历都会被雕刻上面，并铭记在心。

多数的孩子都会有类似反应，只是内向孩子会更强烈。情绪问题如果处理不当会引发更多问题，作为内向孩子的父母，你的养育责任似乎更重一些，所呈现出来的一切特质都始于出生前。改变不了大脑，但可以改变思维，使孩子形成新的反应模式并不断强化，为内向孩子开辟了新世界。在希望孩子转变思维之前，家长先把关注点从"为什么我的孩子不能和那些外向孩子一样"转移到"面对内向孩子的某些劣势，我们要如何应对"上来。

经过脑神经科学家和儿童心理学家多年的研究，针对内向孩子有大量的方法能够让他们变得自信和自主。但是所有方法都基于先理解他们。内向孩子的思维方式与生俱来，他们容易觉察到常人不易觉察到的危险，容易多愁善感，仅此而已，也就是说，父母应先了解内向孩子大脑的运行机制，若做不到这一点，任何方法都是徒劳的。

直面问题

父母切记，不要急于按下"暂停键"。内向孩子的紧张、谨慎、怀疑、忧伤……都不是一下子就能消除的。"你为什么想那些没用的事？""拜托你不要再胡思乱想了好不好？"……告别这些火上浇油的训斥。回想刚去幼儿园的孩子是怎么一点点战胜分离焦虑的？当然是经历分离。所以要想解决问题，必须鼓励孩子勇敢地直面问题。

欢欢的妈妈很纳闷，孩子原来是喜欢滑滑梯的，怎么过了一个冬天就不敢了呢？虽说初生牛犊不怕虎，但孩子的成长并非线性，而是呈螺旋式上升的，这期间必然伴随着后退和混乱。是的，他又长了一岁，但同时他也对滑梯高度和周遭的情形有了更多的认知，他的担忧反而变多了，他可能担心自己不是滑下来，而是摔下来。当妈妈意识到欢欢内心的担忧时，她干脆带着欢欢站在滑梯不远处先看别人玩，并时不时问他："别人摔了吗？妈妈陪你爬上去，先让你的毛绒玩具滑一次，然后妈妈抱着你滑一次，最后你自己再滑一次。"几次之后，欢欢终于战胜了自己。他也明白了一件事："害怕"这种感觉并不可怕，自己需要的只是懂"害怕"的人和一点时间。

口水大战

清晨，小虎不小心撞到了床角，他问妈妈："我骨头折了吗？"妈妈温柔地告诉他："不会的，骨头折了会很疼的。"小虎马上说："我现在就挺疼的。"妈妈放下手中的活，牵着小虎的手，看着他的眼睛，认真地说："我们的大脑里有个错误的警报，比如我要去炒菜，就有个声音说'你会烫伤的'；我要去爬山，它又会说'你会摔倒的'，可事实是，我好好的。所以大脑里这个警报是在骗人。你喜欢这个骗子吗？"小虎听得出了神，连忙晃脑袋说不喜欢。妈妈接着说："我们给他起个名字，越难听越好！"小虎脱口而出："臭屁！"妈妈和小虎立刻笑作一团。妈妈接着说："它再出现的时候，我们就驱赶它、嘲笑它，最后战胜它！"小虎的妈妈找了一个最丑的玩偶来扮演"臭屁"，脑洞大开地和儿子反复练习攻击大脑中这个敌人。就这样练习了半个月。有一天，妈妈听见小虎对"臭屁"说："我不怕狗！我今天刚从一只狗身边走过去。"

小虎的妈妈用孩子能听得懂的语言深入浅出地解释了焦虑的来龙去脉。让孩子知道，想法本身并不重要，关键是你怎么对待这个想法。

多体验多见识

恐惧来源于不熟悉。随着成长，孩子的世界逐渐变得开阔，父母要多带孩子出去看世界。在这个过程中，会出现太多情形，父母应该鼓励他去看、去听、去面对、去走进未知；而不是上游轮、拍照、吃冰激凌、回酒店睡觉这样的流程。真正的旅行带来真正的锻炼，沉淀最深的思考。可以把带孩子旅行当作每年成长计划的一部分，一种全新的、健康的思维方式就会逐渐形成，并且在多次重复中得到强化。

因材施教

半个暑假过去了，小龙都在恐惧中度过，因为妈妈给他报了一个游泳班。他一想到很多孩子在泳池里打闹就很抵触，还有教练严厉的声音在游泳馆里回荡。这好比两座大山压在小龙心头，每次去上课之前，他的抗拒都令妈妈崩溃，最后终于以生病收场退了学费。"别的孩子都能学，他为什么就不能？"小龙妈满脸的表情都写着"恨铁不成钢"。我给了她几个适合小龙的建议：

（1）参加某些技能型的兴趣班，一对一是内向孩子最佳上课方式。

（2）选择亲和力强，有耐心的教练，降低恐惧值。

（3）作为旁听生去观察几次，看看游泳到底怎么回事。这样做看似浪费时间，实则赚到经验，观察是内向孩子勇气来源的一部分。

（4）提前去上课，下课继续泡在水里，因为和水建立感情，内向孩子也许需要更多时间。

（5）父母放下比较之心，永远鼓励孩子跟进。

好消息来得并不晚，小龙在这个暑假，学会了游泳。

所有方法都需要反复练习。面对内向孩子的负面信息库，即使父母做足了功课，在某些情况下，他们昔日的紧张感还是会卷土重来。他们顽固的脑回路依然熟练地走着和外向孩子不一样的路径，但是放心，只要父母耐心陪伴，持续鼓励，他们就不会被恐惧吞没。紧张虽然不可能完全被消除，但也不再会像过去那样频繁和严重，也就是说你前面的努力不会白费，即便反弹也不会跌进谷底，进两步退一步是很正常的，只要你有耐心。

话说回来，恐惧和担忧为人类生存提供了安全保障，是人类进化发展的一部分。它们让我们在陌生环境中随时保持警惕。面对一个宽的壕沟，内向孩子因为怕掉进坑里不会贸然迈开腿，这有助于我们建立对环境的风险评估能力，由此看来，内向孩子的谨慎小心具有正面意义。只要了解自己的孩子，创造合适的时机，是放还是收，父母心中应该自有答案了。

★ 内向孩子如何招架 "美丽谎言被揭穿" ？

一个经历过两难处境的人明白的事是一个没经历过的人的六七十倍。

——马克·吐温，美国作家

在资讯不发达的年代，若要隐瞒一个真相或维持一个谎言，并不算是太困难的事，而现在，隐瞒 "圣诞老人不存在" 这个残酷事实，想更久地维系孩子心中的那份美好，则不太容易，通过同学和媒体的途径都可以知悉真相。而我要讲的圣诞老人被揭穿的故事似乎更 "残忍" 一些。

每年圣诞节前夜，圣诞老人都会如约而至，在小象床头的大袜子里放一份礼物。我记得放过的礼物有：蜡笔、头绳、巧克力……（我说这句话时是很严肃的。）随着小象一点点长大，她不但没有对圣诞老人怀疑，反而更加笃定他的存在。她开始给圣诞老人写信，默默祈祷要得到什么礼物，甚至在地球仪上比画北极到中国的距离。

圣诞老人的故事是在她成长过程中我唯一说过的最自然的谎言，且问心无愧。我觉得某天谎言被识破，也是她自然成长的结果，但这一天，提前来了。

那天，我刚进家门，小象对我说："世界上没有圣诞老人，我的礼物都是你买的。"

我一惊，本能地问："谁说的？"

"爸爸。"

如果用五雷轰顶来形容我当时的感觉，应该也不过分。我能接受谎言被揭穿，但我不能接受揭穿谎言的人是她爸爸，而且他的方式非常坚定而且直接，这对没有任何心理准备的孩子来说，太残忍了。

小象追着我问："是真的吗？"

那一瞬间我竟然比孩子还难过。我在大脑中飞快地盘算：我回答有？还是没有？对，还有第三条路，就是问她自己，有没有。

我故作镇定地问她："你认为有没有圣诞老人？"

小象马上反问我："你觉得有吗？"

我软绵绵地答："有。"

小象马上跑到爸爸身边，像要平反一样，说："妈妈说有。"

爸爸很淡定地答："没有。"

小象又跑回来，眼睛里都是泪水，声音颤抖地说："爸爸说没有。"然后一头栽到床上，哭了。

小象爸非常冷静，他不觉得自己的方式残忍，他觉得再正常不过了。他认为这孩子过于敏感，还有一点儿矫情，大人需要帮助她打破一些东西。换言之，她需要被锤炼，需要培养自我疗伤的能力，需要面对现实。

同样的打击对于内向和外向的孩子而言，感受是不同的。外向的孩子会两手一摊：圣诞老人不存在就不存在呗，反正我每年还有礼物收。外向孩子的大脑会像篮球筐一样，让这份痛苦"昙花一现"就从筐里漏出去了。像小象这样的孩子，这份打击的严重性不亚于失去了亲人，虽然和圣诞老人未曾谋面，但他真切地活在她心中。内向孩子会把惆怅、茫然、失落这些感受紧紧堆积在心底，并且挥之不去。

走投无路之际，我向亦师亦友的花莹莹老师求助，她是国内首屈一指的正面管教导师。她也经历过孩子的类似拷问，她向我推荐了一部电影《极地特快》。影片讲述了一个对圣诞老人将信将疑的孩子踏上神秘火车后发生的一系列奇妙际遇。

周末的午后，小象一个人静静地看完了整部电影。在片尾曲响起的时候，她说："演到一半的时候我就相信有圣诞老人了。"我能感觉到她的如释重负。我也笑着说："你相信有，就真的有，圣诞老人就住在我们心里。"

自那以后，小象再也没问过圣诞老人存不存在的问题了，而是一遍遍地给我讲电影里的情节，就像分享一个她感兴趣的故事一样。我偷偷去洗手间抹了眼泪，为她的这份不纠结而欣慰。我也确实松了口气，而且有一种失而复得的开心。我和爸爸不再一个说东一个说西，一旦某天她再次向我求证，我也不会顾左右而言他。我只说我相信的，爸爸说他相信的，现在小象也有了自己相信的。这是和原来最大的不同。剩下的，交给时间。

谎言被揭穿后，惊慌失措的父母大有人在。一方面，大人不知道应该如何自圆其说；另一方面，觉得自己欺骗了孩子，本来内向孩子就"楚楚可怜"，父母实在不忍心看到他们失望。如果家长马上承认之前欺骗了孩子，孩子此刻的感受会不会是：我的父母在圣诞老人这么神圣的事情上都可以欺骗我？这让我如何去信任他们呢？大多数父母会陷入两难境地。而这也正是内向孩子的父母给孩子示范坚强的机会：要想解决问题，就必须要直面问题。

通过圣诞老人来传递爱

告诉他："孩子，这个世界上没有真正的圣诞老人，但你可以在心中为这个慈祥的老人留一个位置。爸爸妈妈永远爱你，我们会在圣诞节这一天保持送你礼物的习惯。"当他领悟到"谎言"起源于爱时，想必会稀释一些痛苦，也会更加爱自己的父母吧。其实，不管是科学的分析，还是有关信仰的解释，没有哪一个是标准答案。如果一定要有个标准，那就看在当时的情况下，孩子听完父母的解释后，他的心中是冷还是暖。其实，这就是在培养孩子一种思维，我们对一个问题的看法不是非此即彼，而是从多个方面去理解，并且在具体的处境中去运用，这样一来是不是谎言就不重要了。

观影

这个方法，超越了真假。孩子的成长过程，不仅有对现实事物的认知和理解，还包括对抽象事物的想象。我们可以不用给孩子答案，而是跟孩子一起讨论故事。反过来问问孩子，他对圣诞老人的认识是什么。在帮助孩子明辨理想与现实的路途上，我们通过故事，更贴近孩子的认知能力，情感上更容易接受。类似《极地特快》这样的影片，可以让孩子一点点明白，圣诞老人或许在现实中不存在，但这不意味着大家在说谎。如果我们内心只有真假对错，那么看见的一切都会枯燥无比，失去幽默与光彩。

父母示范坚强

最怕的就是，父母比娃还难过。在孩子心中，父母是天是地，强大又安全。如果面对质疑和痛苦，父母要么束手无策，要么冷冰冰地摆事实，就无法帮助内向孩子变得内心强大。父母呈现出什么姿态，孩子也会被潜移默化地影响。在教育中，孩子成长需要的不仅是真相，更重要的是在过程中得到持续关怀。这份关怀来源于孩子成长中，父母陪伴其从简单到困难，一点点地了解这个世界，带着勇气学习应对世界的方法。

保持童心

大多数孩子看到过商场门口的圣诞老人，知道那只是工作人员装扮的，但却依然相信有圣诞老人，童真就是这么坚不可摧。所以就算知道了圣诞老人的真相，孩子的憧憬和想象仍在。当孩子认识到圣诞节的意义时，父母可以主动邀请他来成为圣诞老人，向家人发放圣诞礼物，在准备礼物的过程中，其实"圣诞老人"这个概念已经不知不觉被弱化了，孩子更多感受到的是温暖、期待与价值感。

迎接没有圣诞老人的圣诞节

美国孩子不再相信圣诞老人存在的年龄平均为八岁半。在中西方不同文化下，圣诞节对孩子们的浸润和影响是不同的。中国父母可以跟孩子讲好一个时间点，比如，八岁以后圣诞老人就不会来了，不过，圣诞老人将送礼物这个重任交给了孩子的父母。孩子依然每年对圣诞礼物抱有期许，这本身就是平淡生活中的小惊喜，是美好和浪漫的一部分，值得保留。

如果孩子已经怀疑圣诞老人的存在，那么家长就可以坦率地告诉孩子，并和孩子谈谈感受。首先，完全接纳孩子的情绪，崩溃难过也好，平静接受也罢，都是正常的。向他讲述圣诞节的意义，告诉他这是一种关于帮助、爱和给予的节日。该不该告诉孩子们圣诞老人不存在，其实在儿童心理学家和教育家之间也都有不同的意见，争论一直没停。告诉不告诉不是最重要的，孩子在过圣诞节的时候是否充满期待，是否感到快乐，父母和孩子是否建立了良好的连接，孩子是否感到安全幸福，这才是重要的。就让"圣诞老人"成为一个幸福的代名词吧，人们从相信圣诞老人，到知道父母就是我们的圣诞老人，再到后来自己成为自己人生中的圣诞老人。成长就这样慢慢开始了。

★ 每个内向孩子都拥有一次完整的哭泣

完美的爱之于感觉，正如纯白色之于色彩一样。人们总以为白色是缺失色彩的表现，却不知道白色包容了一切色彩。同样地，爱也不是缺乏感情的表现，而是所有感情的融合，是整个心灵世界。

——沃尔什《与神对话》

我小时候挺爱哭的。在熟人眼中，我虽然乖巧，但却像个瓷娃娃，眼泪说来就来，我也说不清楚为什么哭。虽然没有人呵斥我把眼泪憋回去，但是这些眼泪大多数时候流得并不痛快。因为我每次哭，都会听到这样的声音：这点儿小事就哭啦？我记得我姥姥经常说我是个"熊包"（东北话，懦弱的意思）。

所以我每次哭之前，都会思考一个问题：哭是不应该的，甚至是不道德的，但我的理智无法战胜年龄，我还是会哭，结果哭得不够酣畅，哭得战战兢兢，很担心哭的时候被评判、被嘲笑，是一种如履薄冰的哭。

我读小学三年级时，常年驻外的爸爸回来了，他对我的哭泣接纳度很高。我记得他会幽默地开玩笑，经常弄得我边哭边笑。有一次正哭着，被爸爸逗笑，"扑哧"一声，鼻涕变成了泡泡，爸爸随手撕了块报纸帮我抿掉了鼻涕，那一瞬间负面情绪好似也被抿走了。还有一次，我哭的时候，爸爸拉着我的手来到菜园，搬了个小板凳让我坐他旁边，他用一把铁锹在我面前挖蚯蚓，看似两不相干，但我能感觉到，那是一种安静的陪伴。我不用担心哭泣被阻止，轻轻啜泣或号啕大哭都可以。反而是这样，换来一片岁月静好，我很快就不哭了。后来，当我经历学习及生活中的"大风大浪"时，每次都能得到父亲的接纳，我哭泣的频率反而逐渐降低了。

对于内向孩子，父母更怕他们哭，似乎哭一次又窝囊一次，所以当孩子哭时，止住他们的眼泪，这绝对是内向孩子父母的本能。这背后隐藏着家长的担忧：本来就胆小，爱哭就更没出息了。父母的第一反应是制止和安慰。但其实最应该做的是：什么都不做。的确，对父母而言，什么都不做简直是煎熬，于是为了掩饰无力感，父母会焦虑和恼怒。即便忍住不发怒，这份焦虑的电波也会通过表情和眼神传递给孩子。

关于哭泣的重要意义，美国作家惠芙乐在《倾听孩子》一书中给出了非常详细的解释："哭泣是愈合感情创伤的必要过程。孩子哭是为了排除所受的伤害。有你在他身边，他会感到在自己最困难的时候得到了支持和关心。他会认为，正当一切都乱作一团时，是你来到他的身边，与他共渡难关。一旦通过哭泣排除了烦恼，他就又可以精神焕发地面对生活。所以，倾听哭泣的孩子，能使他得益于所面对的困境，并从所受的伤害中得以恢复。"

对于内向的孩子，流泪播种，欢呼收割。在实现内心强大的过程中，哭是必经之路。再说，如果哭没有用，那笑有什么意义呢？

雪梅中年得女，如获珍宝，为她取名柔柔。她在养育柔柔的过程中发现了很多和她十岁的儿子的不同之处。这是个情感丰富的小姑娘。柔柔两岁多时，雪梅为她绘声绘色地读着故事："小熊在森林中发现一桶蜂蜜，小熊坐在原地等待失主，这时狐狸过来想要吃蜂蜜，小熊把蜂蜜紧紧抱在胸前说'不许吃不许吃！'……这时柔柔忽然哭了。雪梅不知道发生了什么，本能地哄着孩子："哦，这个故事柔柔不喜欢，不哭不哭哦。"这本故事书就被扔向了一边。后来雪梅发现，只要讲故事的人是在模仿坏人，模仿得越像，柔柔越入戏，自己就把自己吓哭了。这让雪梅哭笑不得，同样的故事，当年讲给儿子听时，他双手做举枪状，冲着狐狸一顿扫射，至于哭，不存在的。雪梅怎么会忍心看那么可爱的柔柔哭呢？于是她不是脱离故事就是用糖果来转移孩子的注意力，柔柔确实很快就不哭了，但那份故事所带来的恐惧还是会在类似的场景中重现。是的，柔柔把那个小熊当作了自己。孩子到四岁后才具有分辨真假的意识。他的大脑的抽象思维能力尚不足。在这之前，他们的世界是"虚虚实实"的。孩子通过故事认识世界，在听故事的时候，大脑和讲述者是同频的，他们会在故事中找寻自己，对照自身，然后感同身受，从而指导自己的行为。

疗愈恐惧的最佳途径就是经历恐惧。雪梅要做的不是去寻找一个欢乐的替代品，而是抱着柔柔让她在自己的臂弯里哭个够，然后缓缓翻到那一页（当然要经过孩子的同意），慢慢地告诉她，小熊一定会保护好那罐蜂蜜，你看，狐狸是不是很扫兴地走了？慢慢引导柔柔推进情节的发展，告诉孩子故事的结局是：蜜蜂为了感谢小熊，把这桶蜂蜜送给了它，小熊和妈妈美美地享用了蜂蜜大餐。听到这里，柔柔应该会露出轻松的笑容，也算给了那段哭泣一个负责任的交代。

　　八岁的西西放学回家，发现自己一针一线穿起来的珍珠项链被三岁的弟弟拽散了，气得当场大哭。妈妈让弟弟给西西赔礼道歉，西西还是哭；妈妈帮忙把项链重新穿好了，可是比项链上的珠子还大的眼泪仍然大颗大颗地从西西脸上往下掉。妈妈觉得很烦躁，扔下一句"越来越不懂事"就去厨房了。妈妈并不知道今早当她把仅有的一块榴莲蛋糕问都没问就给了弟弟时西西是什么感受，妈妈更没有意识到她已经多久没有单独陪伴西西了。妈妈只是想通过简单地替弟弟的行为做出弥补，以达到让西西停止哭泣的目的，强行让这个内心情感丰富的孩子当作一切都没有发生过。

　　两岁的柔柔和八岁的西西，在哭泣的时候都需要得到一个许可——你可以哭，把你的恐惧、不甘、失落全都哭出来，而不是藏回去。孩子此时如果需要臂弯或胸膛，父母都要无条件提供。当西西妈妈忙完厨房的活再次走进西西的房间，如果把"你是姐姐应该懂事"这句话换成"弟弟总是给你制造麻烦，他可真够讨厌的"，"你是不是想让妈妈多陪陪你……"，我们可以想象西西的眼泪也会再次从脸颊流下，但和开始不同的是，愤怒和委屈也会跟着流淌出去。

　　完整的哭，对内向孩子来说，是童年时期必须经历的课题。哭泣和零食一样，即使家长再不喜欢，它也是童年生活的一部分。内向孩子的日子不比我们大人轻松，他们虽然无须承担太多生活的责任，但是他们有压力。有一位研究内向孩子的学者曾经做过一个形象的比喻，内向孩子的大脑像被一个缝死的篮球筐一样，所有想法不经过滤全被兜住，而外向孩子的想法是可以瞬间从篮球筐中漏出去的。内向孩子想要处理自己拥堵的篮球筐大脑，却又不具备成人的智慧和资源，他们真的很不容易啊。所以，哭，是他们的武器，是救命稻草，是恢复元气的方式之一。

相比外向孩子的父母，内向孩子父母的内心会生出更多的戏码，对孩子的未来展开恐惧的想象。希望柔柔的妈妈不要被孩子的悲伤吓到；西西的妈妈，也不要去否认孩子的委屈。当父母真的这样做的时候，本身就是在给孩子示范坚强。孩子是依赖成人的，他们需要从父母身上汲取力量，当父母肯定泪水的意义，给她一个完整的哭泣时，这会让内向孩子变坚强。至于担心孩子以后会痛苦，请内向孩子的父母放心，只要世界上有一个能真正听懂和理解他的人，他们就能够忍受这份痛苦，并为自己披上一层新的盔甲。放心且安心地迎接内向孩子的每一次哭泣吧！

✿ 我懂你，任何情绪都值得被温柔以待

与其做好人，我宁愿做一个完整的人。

——荣格，心理学家

孩子：我的乌龟死了，呜呜呜……

大人：我们再去买一个吧。

孩子：我就要这个，呜呜呜……

大人：不许任性啊！

孩子：作业真多，烦死了。

大人：学习是一个学生的本职工作，就像大人必须得上班一样，没有从小的刻苦学习就没有以后的成功人生。

孩子：我不想听你说这么多。

大人：你开始学会顶嘴了？

孩子：我会作诗了耶！

大人：你才会说几句话，不许骄傲！

在以上几组对话中，孩子在开口讲话前，体内都存在一股情绪，有时像火山爆发，来势汹汹，有时又像一股清流，恬淡自如，但

遗憾的是，孩子不太可能清晰地描述自己的情绪，而是借由行为呈现出来。这就给真实的情绪戴上了一层面纱。

更遗憾的是：很少有父母明白这一点。

成年人常常疑惑："小孩儿哪有什么烦恼？"让一个孩子"没有烦恼"真的很难做到，比如愤怒，它是一种自然而然的情绪发生，就如吃饭睡觉一样正常。所以，无忧无虑用在谁身上都不准确，即便在童年里，也藏着恐惧和忧伤。值得重点讨论的是，内向孩子的情绪，已经被这个世界"集体偏见主义"了，作为他们的父母，在孩子的情绪管理上，似乎要做更多功课。

人的基本情绪有四大类：喜、怒、哀、惧。细分下来，有几十种之多。天性使然，内向孩子所产生的恐惧、焦虑、悲伤、担忧等情绪更为典型。当父母发现孩子的每种情绪都能被温柔以待的时候，解决问题之路也变得光明起来了。

看见情绪，识别情绪

情绪是一种主观体验。想象我们能看见它，它有形状、大小、质地、颜色，真实且成熟。我们看到杨梅会产生口水，听到惊雷会被吓到，当某个事件刺激到孩子时，其所产生的情绪也如同口水、泪水、汗水一样，真切地存在。

即便一个外向的孩子，也不大可能站在大人面前，一板一眼地把自己的情绪表达出来。对于内向孩子而言，他们更愿意把情绪埋在心底。孩子可以不讲出情绪的名称，但他要学会识别。认识情绪，并且能够为它命名，这是情绪管理的第一步。当情绪突然造访时，就像看见一个老朋友一样，帮助孩子准确地识别。慢慢你会发现，在合适的语境下，孩子对词语的理解能力和运用能力超乎父母的想象。

> 孩子：我的乌龟死了。
> 家长：你感到悲伤。

> 孩子：作业真多烦死了。
> 家长：你看起来有点儿着急。

> 孩子：我会作诗了。
> 家长：你感到小小的成就感。

经常这样共情，孩子就会对情绪的感知力增强，也更清楚自己的情绪是什么，这也为他识别他人的情绪打下基础，但父母与孩子毕竟是两个个体，有着不同的感知系统和个人逻辑。父母对孩子的情绪有时捕捉得并不及时，识别得也并不那么准确，这就需要父母猜测和试探，努力使共情成功。

> 妈妈：当妈妈让你把玩具给弟弟时，你会很伤心吧？
> 孩子：没。
> 妈妈：你觉得很生气？
> 孩子：还行。
> 妈妈：你觉得不公平？
> 孩子：哇……（大哭）

当孩子的眼泪立刻像开了闸的河水一样涌出时，恭喜你，情绪识别正确。对于内向孩子而言，父母在这个过程要舍得付出时间，不厌其烦，让孩子充分感受到父母的诚意，这样，孩子对情绪的识别能力就会逐渐增强。

情绪是地雷还是礼物？

情绪本身没有好坏对错之分。对内向孩子而言，父母不要把孩子的情绪分为三六九等，而是欢迎每一种情绪的到来。诸如焦虑、恐惧这样的负面情绪，往往是帮助孩子成长的机会。当一个人产生焦虑或恐惧的感受时，会本能地自我保护，而适度的防御可以提高忧患意识并激发动力，为可能发生的消极情况做准备。如果你觉得这样做很难，试试下面这个方法，你只需要转换一下思维：真要命，他又来坏情绪了。当你像排斥某个不速之客那样，巴不得情绪赶紧走开时，请一念之转，像对待某个客人一样，欢迎情绪进门，不管来的是"开心"还是"失望"，都是值得迎接的客人。我们不要对孩子的情绪进行否认、压制、贬低、怀疑，不要对孩子说"这有什么可怕的""你不应该感到失望""你没有理由生气"等。情绪有时也挺狡猾，顺势就会把人牵着走，这个时候父母的榜样示范作用就体现出来了——父母先接纳情绪：你可以愤怒；这确实让人沮丧；我和你一样感到遗憾……孩子就会明白，我有这样的感受不但是被允许的，而且是正常的，这会让内向的孩子感到安全。

情绪来了怎么办？

允许哭

很多父母特别讨厌孩子哭，而且常爱质问"哭能解决问题吗？"

内向孩子是宝藏

"平时那么蔫，现在怎么这么能号？"……天呐，这样的对话对内向孩子是致命打击。大多数内向孩子都具有敏感的特质，当大人批评别的孩子时，内向孩子都会暗自思忖是不是自己犯了什么错误，更别提是这种一对一的质问了。基于恐惧，孩子会把这份不安埋进心底。或者以其他不良行为方式呈现出来，甚至把这种不安塞进潜意识，携带到成年时期。

对于消解负面情绪而言，眼泪是最健康的帮手。"你是需要妈妈陪在你身边还是自己安静地哭一会儿？"这样的安慰反而会提前结束哭泣的过程。

慢速表达

内向孩子对信息的接收和处理比外向孩子要慢一些，内心的防御性与紧张感也更明显。慢速并低声地表达不仅能够让孩子更快理解，也能让自己的情绪逐步缓和下来。切记不由分说地制止，简单粗暴地催促，因为这样不但会拖长哭泣的时间，而且会对内向孩子的内心造成伤害。

不搞破坏

接纳情绪不代表接纳行为。被爸爸错怪的欣欣，雨点般的拳头打在爸爸身上；愤怒的小强通过用头撞墙来发泄不满。孩子发泄情绪可以，但不能以伤害自己和他人为代价。欣欣可以打枕头，妈妈可以带小强去大喊、去蹦跳、去撕纸……生气就生他个淋漓尽致。流泪和流汗都是情绪发泄出去的标志，但记住要以破坏性最小，不伤害自己和他人的方式来发泄情绪。

不做情感绑架

"你那样做，对得起妈妈吗？"大人当然不必刻意掩饰自己的情绪，但要学会合理表达。当父母把自己的情绪和孩子的情绪纠缠在一起时，是很不明智的做法。让那么小的孩子为父母的情绪负责，他们根本招架不住，势必会产生不必要的自责和内疚，并且把这些感受隐藏在潜意识中，然后在成年后的某个类似的情境中卷土重来。父母要对自己的情绪负责，想象一下，当轮胎瘪了，硬拖着走，会出现什么问题？若不照顾好自己，接下来很可能会炮火连天。如果家长感到劳累、抱怨、委屈，那就请自己去解决，别跟孩子进行不合理的挂钩。"妈妈此刻心情不好，所以我先自己待一会儿，等我好一些再和你说话。"当你妥善处理自己的情绪后，会收获意想不到的长期效果，既能够修炼自己淡定的内心，也能够给孩子示范什么是恰当的情绪管理方式。在孩子眼里，你的所有行为都会对他产生影响。

情绪还会再来吗？

情绪一定会再次造访的。任何伟大的科学实验都需要反复试错和论证，何况养育一个新的生命。同样的挑战不会只来一次，基于内向孩子大脑的特殊回路，某些典型情绪也会是常客。百分之百接纳孩子的情绪，不断练习引导情绪管理的方法，相信随着接纳和灵活的处理方式，父母和孩子都会在情绪管理这条路上越走越顺利。

是的，所有的情绪都值得被温柔以待。父母不否认，也不惧怕孩子的情绪，而是选择倾听并理解他们。当孩子能够勇敢承认痛苦等负面感受的存在并且能够被最亲的人接纳时，他们就已经学会了坚强。

第 3 章
chapter 3

顺应天性，尊重内向
孩子的学习方式

沃尔特·艾萨克森在《寻找真实的比尔·盖茨》中描述道：在盖茨读小学六年级时，性格外向的母亲觉得他应该去看心理医生，她不理解儿子为什么总是一个人在车库里待着。当她问盖茨在做什么时，盖茨扔回一句："思考。"人们生活在一个纷繁复杂的世界，肩负着许多工作和家庭的职责，很多时候渴望不被打扰，想独自待一会儿，但是却希望孩子能时刻和其他孩子玩到一起。学习又是一件终身的事情，父母没有理由不去尊重内向孩子的学习方式。

★ 内向孩子是个哲学家

我们应该把空想列入他们的课外活动。

——伊丽莎白·米卡，心理学家

内向孩子固有的生理构造使他们"不走寻常路"的同时也拥有很多优秀的特质。看起来安静，脑子里比谁都忙。他们最突出的特质是思维和情感既极具内涵，又不露锋芒，堪称行走的小哲学家，但这些优秀的特质常常被忽略，主流教育中外向孩子的踊跃和热情经常掩盖内向孩子的闪光之处。如果父母了解内向孩子的优势，就能善用它们。

八岁的小欢一边默默地吃着饼干，一边出神地盯着远处，显然正在思考。突然，她放下饼干，转过身问爸爸："为什么时代在发展，但有些技术却退步了呢？"爸爸虽然刚看了下手表，离辅导她作业的时间还差五分钟，但还是被她的问题吸引了。爸爸问她具体指什么？她眼睛继续望着窗外，不疾不缓地说："黑白照片比彩色照片更进步。当你把这个五光十色的世界变成只有黑和白两种颜色时，这是件很难的事情。"爸爸被小欢的回答打动了，还没想好怎么回答，小欢接着又说："黑白分明的话，世界就简单多了。"然后小欢接着吃起了饼干。

小欢的爸爸经历了黑白照片、上色照片、彩色照片、数码照片，但从没有想过小欢问的这个问题，这既让他忍俊不禁，又对小欢多了一丝敬畏。普通的事情一旦从内向的孩子嘴里说出来，就格外生动。假若小欢的爸爸着急去完成所谓的讲作业的"正经事"，他将永远无法知道孩子的脑子里藏着这样的思考。由于内向孩子所输出的想法表面看来并不是那么光彩夺目，但是如果父母用心感受并记录，把这些想法汇集起来，就是一个宝藏。

如何去读懂他们呢？

以孩子为师

父母已经习惯"教孩子"的模式，其实父母更应该自问，我们可以从孩子那儿学到什么。别忘了，他们是新人，有超越父母的独创性。许多内向孩子的父母常被孩子的智慧惊得目瞪口呆。在有孩子之前，我常常带着一种优越感去观察周围的人，也包括我的学生。在我看来，我的很多学生虽然正在接受高等教育，但他们要么空虚自大，要么笨拙封闭，我很容易就能注意到他们的错误，并且在心里瞧不起他们父母的养育方式。我用满肚子理论知识去批评他们，轻松甩出一堆建议，并相信自己成为家长那一天能做得更好，但是当我的孩子逐渐长大后，我忽然发现，那个把道理讲得头头是道的自己，在自己的孩子面前，原来什么也不会。面对她的问题，我说得最多的不再是理论，而是——我不知道。从此，我变得谦卑多了，我清空了一些带有自以为是色彩的自信，开始睁大眼睛竖起耳朵去观察和感受内向孩子带给我的新发现。

活在当下

"活在当下"是个时髦的词，由于它真的很难做到，所以逐渐变成一个口号。思考过去和未来，都要比活在当下更容易。父母批评孩子昨天见到邻居不打招呼，父母也畅想下周带他们去哪儿郊游，或者报一个什么课外班，唯独忽略了和孩子共同活在此时此刻。没有活在当下，也就没有了和孩子之间的联系，也就没了现实。回忆一下，当父母在和别人说话时，如果在别人的眼神中捕捉到一丝心不在焉，那一刻内心会很难受。当你被别人关注时，才感到振奋，并且觉得自己很完整。父母什么都明白，但是和孩子对话时，就容易把这些抛到脑后。

毛毛对妈妈说："我希望身边的亲人同一时间去世，以最小的孩子为准，他死了，别人再死。"妈妈迅速回他一句："别胡思乱想了，万事万物都有生老病死的规律。"毛毛闪亮的眼睛瞬间暗淡下来。很遗憾，妈妈没有察觉。

活在当下，意味着父母不带目的地与孩子聊天。毛毛妈妈的目的可能是以作业为重，也可能是为自己"不被打扰的时光"争取更多的时间，总之不想在"探讨一起死"这个问题上浪费时间。毛毛妈妈可以试着关注，毛毛为什么问出这个问题，是不想面对失去亲人的痛苦，还是对生命有什么别样的思考，是看了什么书或读了什么诗，然后从孩子对死亡与生命的思考中，体验对生命的感激和对自然的敬畏。也许当成年人全然沉浸在这个话题中时，原来所理解的死亡都将重新被定义，父母还得感谢孩子提供的这个契机呢。

转换思维

如果说孩子犯的错误好多都是相同的，那么他们问出的第一个问题和第一百个问题肯定是不一样的。要用发展的眼光看待一个成长中的内向孩子。他们用纯真又智慧的眼睛观察着这个世界，渴望了解事物的内涵。每个问题都有价值，每份思考都有意义，即使多么傻的问题都能在条件允许的情况下给予交流和解答。

内向孩子把外向孩子奔跑的时间用来思考。安静一段时间后，大量的问题如开闸的水龙头，汩汩涌出。父母会发现自己无法招架这些问题，这迫使其去查资料，去检索这辈子都不会触碰的知识。成人的注意力被日常琐事占据，当大人静下来，和孩子聊聊，是个打磨生锈的大脑的极好机会，重新发现思考的乐趣。从孩子的创造性中，父母也能学会挣脱经验的牢笼，发现更多可能。所以你看，仅仅是通过帮助一个孩子，不但重新发现了孩子，也重新发现了自己，这是一件一举两得的事情。

和内向孩子一起生活，仿佛走进一座金矿，但金子并不显眼，需要照亮矿井，拂去灰尘，就会有令人欣喜的发现。关键看你把关注点放在哪里，是否愿意去发现，并充满耐心，努力走进内向孩子的内心世界，从而陪他们一起开启一段惊喜不断的快乐旅程。当然，这个过程有寂寞，有焦虑，也有等待，但请记住，在养育一个内向孩子的过程中，所有的麻烦都是值得的。

⭐ 独处是金，请别为我忙前忙后

一株植物要想充分展露它的独特天性，它必须先长在能让它生根发芽的土壤里。

——荣格，心理学家

2020 年夏天，"夜市经济"来了，Coco 也欢天喜地地和妈妈去夜市凑热闹。在熙熙攘攘的人群中，Coco 机械地跟着妈妈，走过几个摊床后好东西就已挂满全身：左手举着棉花糖，右手拿着烤鱿鱼，脖子上还戴着新买的项链。但和同行的小伙伴比起来，Coco 的快乐点始终没有被激活，并且还以鱿鱼太硬为由发脾气。

仙仙特别喜欢《冰雪奇缘》，妈妈在她八岁生日时为她定了一套爱莎公主的摄影套餐，仙仙很期待。拍照当天，仙仙换好衣服，化好妆，安静地等待摄影。摄影师在调整机位，工作人员拿着手机走来走去地拍摄花絮，化妆师在仙仙身边时不时地帮她弄弄头发、拽拽裙子，还问她要不要喝水……为了让小顾客愉快地进行拍摄，影棚内还播放着动听的音乐。摄影师满脸堆笑，他和孩子打交道似乎已经轻车熟路，他自信地打了个响指，喊了一声："宝贝，我们要开始啦！"仙仙却忽然哇的一声大哭起来，所有人都懵了，围上去问"仙仙怎么了，是哪里不舒服吗？""是不喜欢这套裙子吗？"面对这个小顾客突如其来的变脸，最会逗孩子的摄影师也一头雾水。

人的气质决定了很多事情——从你的行为习惯到交流方式，甚至一生的行事风格。每个孩子的先天气质都给父母带来了挑战，内向孩子也不例外。Coco和仙仙是典型的内向孩子，他们会在过度繁忙、过多的视觉刺激、周围过多的人，以及疲惫饥饿时忽然爆发强烈的情绪。要命的是，这个世界不是为这类孩子打造的，主流的教育文化更喜欢外向孩子。外向孩子不太容易被环境干扰，适应能力也更强。所以内向孩子呈现出来的安静和宅以及时而不讨喜的综合气质会让人感到困惑，显得和这个世界格格不入。父母要做好准备与外向的社会力量抗衡，将内向孩子一点点向外向的方向引导，但是要做到"小心翼翼"和"恰如其分"。

内向孩子需要一个"蓄电站"

哈佛大学的心理学家莱恩利特尔用"恢复壁龛"来指代这样一种物理或者心理空间：它把世界的喧嚣关在门外，让你跟自己的思想和感受独处，从而得以复原，回归自己。简单来说就是，热闹和嘈杂的环境会消耗内向孩子的能量，使他变得局促不安、心烦意乱、没精打采。他需要找到一个空间，只要让他感觉安全，舒服，不被打扰就可以。可以是一片空旷的场地，也可以是用被子随便搭建的一个窝，哪怕就是把椅子让他蜷在那里也行。总之，需要一个独立空间让他们来为自己蓄能。这就好比内向孩子给自己按下了暂停键，休整恢复一段时间后，再重新启动。

内向孩子对空间有强烈的保护意识，对亲密距离有高度的敏感性，有时会对身体接触表现出抗拒，因为这让他感觉空间受到了侵犯。仙仙忍受不了这么多人为她忙前忙后，这让她感到筋疲力尽，头昏眼花。内向不等于乖，内向孩子会在感到无助、无所适从、气愤，或者在恐惧时变得叛逆。这就很好地解释了为什么仙仙会莫名其妙地大哭以及会拒绝别人的帮助。

当了解了内向孩子的能量模式，明白了他们的独处需要，并且与他们建立了顺畅的沟通后，你就能越来越轻松地解读他们流露出来的微妙信息。

仙仙的妈妈礼貌地对工作人员说："没事，孩子或许需要一点儿安静的时间，请给我们10分钟就好。给你们的工作带来不便，真是太不好意思了。"

影棚内只剩下妈妈和仙仙。

妈妈：你不想让那么多人围着你，你感到烦躁不安是吧？（认同感受，没有批评或催促）

仙仙：嗯。

妈妈：你还想继续拍吗？（探求孩子内心的想法）

仙仙：想。

妈妈：你是想自己待一会儿还是需要妈妈陪着呢？（给孩子有限的选择）

仙仙：自己。

妈妈退了出来，小声地和工作人员闲聊着。大概七八分钟后，仙仙在里面喊："我准备好啦！"

仙仙的妈妈基于对孩子的了解和理解，在尊重现场情境的前提下，合理地收拾了这个"残局"。假如仙仙的妈妈不懂得这一点，她会迫于外界的压力而对孩子施压。

你哭什么？真是莫名其妙！（不理解，责备）

叔叔阿姨是为你好，这么多人为你服务，你要懂事哦。（语气温柔，实则控制）

你拍不拍，要拍就别哭，不拍就走人！（强硬专制）

很多内向孩子的家长都败在社会压力下，因为孩子的独处偏好的特点总是与父母眼中的社交规则冲突。父母会用外向孩子的标准来要求内向孩子，这对孩子来说不公平且残忍。每当遇到这种情况，父母应该在保持礼貌尊重的同时，忽略别人的目光，将注意力集中在孩子身上，帮助他平稳情绪。

他们要的是恢复，而不是逃避

行走在繁华夜市中的Coco，即便有好吃的、好玩的，再继续走下去，她会像一条搁浅的鱼无法呼吸。Coco跟着妈妈在夜市转悠了一小时，她已经非常疲惫了，她只想找个地方坐下来。终于在夜市尽头的一家小店，大家短暂歇息了一会儿。大人们聊着天，Coco一言不发。等大家离开后，她的话开始多了起来，拉着妈妈的手问东问西。

内向孩子喜欢运动，也对这个世界充满好奇，他们只是做不到超长待机而已。实际上，健康的、恢复性的独处与不社交有重要区别，但对于不了解内向孩子的父母，他们会催孩子强行融入群体。

小凯每天放学回家总是一个人静静地看书或打一会儿游戏，妈妈也不去打扰他。虽然妈妈热切地想听他讲讲学校的事，可她知道这份独处时光对孩子来说如黄金般珍贵，他需要时间来恢复。通常，过了一会儿，小凯就会心情愉悦地从房间里出来，愿意聊天了。

内向孩子最恐惧的事情之一是，连在自己最亲密的人身边，都担心被指责，那真的会让孩子有种无处藏身的感觉。父母对孩子的影响很大，要让孩子相信，父母会随时随地回应他的需要与情感，给他们安全感。面对某些棘手的情况时，让孩子确信你会全力支持他，让他们有充分的准备。如果孩子还没准备好，可以等待。Coco的妈妈需要预计好孩子能承受的逛街时间，并且提前保证她的睡眠和饮食，面对孩子的情绪爆发防患于未然。

我们都是庞大的社会体制的一部分，既会受制于传统，也会被流行影响。每位父母都在向外张望，都想赶在前头，期待符合标准，但这样真的很累很焦虑。气质是一生的特质，既不能被改变，也不会随着一个人的成长而消失。乐于独处是一种天赋，也是某些职业的硬核要求。因此，我们要做的是，从意识到这个问题的那一刻起，帮助孩子接受自己的气质，慢慢达到与外部世界的社交平衡。蹦蹦跳跳，嘴甜乖巧……如果一个孩子具备了大多数孩子的特质，父母好像就更安心，但是当不再试图把标准意义上的法则堆积在内向孩子身上时，父母和孩子的感觉都会好很多。

这个世界是由不同特质的人组成的，所以才有趣。如此看来，宅与不宅，内向与外向，慢热与活跃，并没有好坏之分，它们只是不同的状态而已。

★ "静"得可怕的内向孩子其实动静两相宜

运动并非塑造性格，而是揭示性格。

——海伍德·霍尔·布朗，美国著名演员

小林一进屋就注意到床单被换了。

面对妈妈削完皮的苹果，小林会仔细地端详一下留在苹果上的米粒大小的一块苹果皮，而这段时间，另一个孩子可能已经吃掉半个苹果了。

"外国孩子为什么都会做比较难的家务活，比如钉钉子？"这确实是个能够扯出中西教育话题的好问题。这是小林在看《小猪佩奇》时发现的。

有时候大人们记不住几年前发生的事情，众口不一时，爸爸说："信小林的，他说得一定准。"果然这种测试屡试不爽。

很多内向孩子是细节大师，他们安静地观察事物，也能敏锐地发现环境细节哪里发生了变化。所以内向孩子的安静特质不等于无所事事，看似独处，却有着一个人的热闹。他们在安静地吸纳信息，不断地往小脑瓜里储存，并且像放电影一样反复重温。《大学》里有这样一句话："静而后能安，安而后能虑。"是说心静后才心安，心安才有可能去思考。所以，安静也是一种力量，一种能使人产生灵感和主见的力量。

不知道大家有没有发现，很多内向孩子善于在一件事情上投入许久的专注。比如，他们可以玩两个小时沙子，这似乎会让很多内向孩子的父母在内向孩子身上产生一种错觉：孩子的"静"似乎还有个不二拍档，那就是"慢"。

小强的爸爸是一位销售精英，接打电话、运营策划，出差开会是他的工作日常，他最常说的一句话就是：时间就是生产力，而他也用这样的节奏来要求儿子，他认为同时做两件以上的事情是非常正常的，多年来他就是这样驾驭自己的时间。事实是小强没有满足爸爸的这份贪心，他一次只能做一件事，并且节奏较慢，如果让他一次完成很多事，小强就会无法专注，并造成他内在的混乱。

持续玩两小时沙子和十分钟就要换七八种玩具的行为并没有好坏之分，想象一下，以后的生活中，玩两小时沙子的小强可能会成为一个出色的外科医生，可以连续做六小时手术。频繁换玩具的大强可能很富有创造力，也许会成为公司中擅长同时处理多件工作的能手。

内向孩子身上的宅与静，像是足够的证据，可以说明他们不喜欢运动，但事实的真相是，任何一项运动都有内向者的身影。无论内向外向，运动对于一个人的意义都是重大的，运动是保持健康的方式，运动也是一种社交渠道，而且运动可以提升自信。只是内向孩子的运动有自己的偏好，倾向于那些可以独立完成的项目，他们不喜欢身体近距离接触的运动。如果内向孩子的父母不了解这一点，很有可能强硬地把他推进群体合作的运动项目中。

老鹰抓小鸡这个游戏，我的女儿小象直到现在，都不喜欢玩。不管分配的角色是老鹰、母鸡还是小鸡，都要伴随着猛扑，迅速躲闪和尖叫。这对内向的孩子是一种负担。直到现在，只要是涉及肢体冲撞这类剧烈的运动或游戏，她都不参加，远远地看着，我也就不再勉强她。

单人运动是内向孩子比较好的选择，比如跑步、游泳、滑冰、骑车、滑板、跳绳。小象七岁学会游泳后，兴趣有增无减。每次游泳如果有同伴她也会开心，但自己游的话也从不厌烦。

内向和运动并不矛盾，内向的孩子在喜欢的运动面前，同样具有爆发力。

伊宁是这个拉丁舞培训班中最安静的孩子。妈妈一度认为给孩子选错了兴趣班，因为体育竞技类舞蹈和伊宁的气质实在不搭，但是让所有人吃惊的是，伊宁的舞蹈成绩却相当好，她能在跳舞时迸发出平时看不见的力量，目光坚定、舞步坚实、大汗淋漓。下课后，她的那份欢实就降低了很多，女孩子们三五成群，嬉笑打闹，伊宁都是游离在外，偶尔会在分享零食的时候和大家有一些交流。

最近，我带小象参加了一个花样跳绳课。一根绳可以演变出各种锻炼手、眼、脚协调的跳法，对于内向的孩子来说，手中的绳子抽打地面的声音同样轻盈有力，热情洋溢。对于外向的孩子来说，他们过多的精力无处安放，不跳的时候就满场跑动或者自由发挥很多稀奇古怪的跳法。在一个有限的空间内，你已经分不清谁是内向谁是外向了。

运动让所有的孩子快乐。随着年龄的增长和社交的增加，内向孩子会逐渐对那些身体距离不需要那么靠近的活动慢慢产生兴趣。比如说羽毛球和网球，而在大学校园的篮球场和足球场里，一定也有内向的人，肢体的冲撞在这个特定的环境中对他们来说已经不是难以忍受的事情。成长给内向孩子在运动方面带来的好处之一是，他们接受团体运动本身的特点，与队友建立关系，从羞涩内向逐渐走向勇敢自信，感受运动的魅力。

如果你的孩子就是不喜欢动，那也不要赶他出去。这个时代看似对内向孩子不那么友好，但是也给内向孩子提供了更多的资源，比如读书。我小时候甚至更早的几代人，书籍远没有现在丰富，经常一本好书全班传阅。现在的内向孩子看起书来有"取之不尽，用之不竭"的资源。再比如运动项目，前面说过内向孩子更喜欢独自进行的运动，我小时候，能够让我单独运动的项目似乎只有跑步。现在，让一个内向孩子运动起来一点儿也不难，可供选择的项目非常多。

"静若处子，动如脱兔"指的就是内向孩子吧。内向孩子的静，并不是呆，而是心之坦然的那种自然。总体说来，内向孩子静中有动，当身体静止时，大脑忙个不停；动中有静，他们像闪电般驰骋时，爆发出来的力量坚定又安静。像太极拳，内向孩子真正达到了动静平衡的统一，相互渗透又相互包含；也像一部动力系统和制动系统配合完好的汽车，可以停靠，也可以发力。珍惜你身边这个动静相宜、可刚可柔的孩子吧，他们是完美的存在。

⭐ 破译内向孩子的口头禅——让我想一想！

在实际说或做任何事情之前，我会花很多时间在头脑中讨论情景，我很少将一个完全未经过滤的想法或计划公开。

——某制药公司首席执行官John Sherwin

宋布朗的妈妈开玩笑说："我家布朗深谋远虑，谨言慎行，长大一定是个干大事的谋略家。"对一个小孩子，妈妈何出此言呢？这要从布朗的口头禅——"让我想一想"说起。

布朗小小年纪"患有"严重的选择困难症，去吃肯德基还是麦当劳，两个口味的冰激凌买哪个？布朗都要想一会儿或者想好久，到底选哪个才是最好的，万一选错了怎么办？站在甜品店门口，别的孩子已经快吃完半根雪糕，他还没有想好吃哪个口味。这让他的父母有时候急得团团转，有时候又哭笑不得。上周，老师布置了一个作业，让同学们两两自由组合练习口语对话，有两个同学都想和布朗做搭档，这可难坏了布朗，一个同学表现力强，但是口语一般，另一个同学说话声音小，但是口语流利，选谁呢？后来，布朗实在选不出来，用抛硬币决定的。

让一个内向孩子迅速作出决定，比让老驴拉磨还难。

外向孩子说"我们行动吧"；内向孩子会问"我们确定这样做是

对的吗"。

我们给予孩子选择的机会和空间非常自由，这样的自由对外向孩子而言是驰骋，对内向孩子来说是焦虑。内向孩子做决定需要花费很长时间，他们没法跟外向孩子一样遇事当机立断。在做决定之前，他们通常需要一个安静的时间和空间来理清思路，所以在被要求当场做决定时，他们很可能会不知所措。但这并不意味着他们的大脑一片空白，他们不是没想法，反而是想法很多，多得像泉水一样从泉眼汩汩地冒出来，只是千言万语涌心头，苦于启齿难开口。他们曲折又漫长的大脑回路不得不花更久的时间对信息进行加工和重组。

任何事情都包含两面，内向孩子优柔寡断的个性同样可圈可点。"让我想一想"会让一个孩子在没有评估好危险性之前不会贸然跃入泳池；"让我想一想"为他提供了更多的可能性；"让我想一想"让他的想法更成熟更完善。在我的课堂上，后发言的人所说的内容相比外向者的煽动和热情而言，更加实际且实用，条理清晰。"让我想一想"说明他很在意，而在意就会更投入。由此看来，"让我想一想"是个优点，但是这个优点在生活中怎么看都像个缺点。

内向孩子有完美的执念，但在残忍的外部环境中，很少有人会顾及他们的"想一想"，完美主义有时是一块绊脚石，会让他们错失机会。他们需要父母的反复提醒：想一想是可以的，但是没有完美的决定。更需要父母的支持：如果你觉得难，我会帮你。

平衡而不是完美

为了达到一个无形的完美标准，内向孩子会在一个问题上反复思量，希望所有的事情都秩序井然。他们的深思熟虑和善于分析的本性会使他们走得很远，但也会出现另一个极端：总是看见问题，批判人或事的不完美的方面。父母既要鼓励内向孩子保持性格中的长处，也要教他们如何应对身边这个不完美的世界。父母经常使用"没问题"句式也许可以有效地帮助他们逐渐改善优柔寡断的个性。

作文打满分太难了，那么能写出接近满分的作文也没问题；

这幅画的勾边一气呵成太难了，那么涂抹一处也没问题；

十节课学会游泳令我望而却步，那么十五节课学会也没问题……

内向孩子需要明白，我们不可能每件事都做得那么完美，不重要的事情可以不用花那么多时间去准备，"知所先后"是必须学习的智慧。达到某种条件下的平衡，而绝非完美，就是内向孩子的"完美"状态。

价值不等的"想一想"

让孩子明白做决定时没必要那么紧张，只要时间和情况允许，"想一想"是你的权利，但要提醒孩子什么样的选择值得投入时间。比如，我选一份工作可以考虑几个月，而决定中午吃什么只需要几分钟就够了。

学校要求大家自愿报名参加夏令营，去还是不去呢？布朗立刻进入"让我想一想"的模式。妈妈拿出纸和笔，对布朗说："对你来说，做决定不容易，这是个值得花时间去思考的事情，我们用头脑风暴把好处、坏处分别列出来。"布朗和妈妈竟然不知不觉写满了一页纸。

去夏令营的好处：诺诺和莎莎也去，可以带零食和同学们分享，能看到荷兰猪，能戴上头灯，体验露营……

去夏令营的坏处：不想离开爸爸妈妈，虽然只有一晚。

清单一目了然。写完后，布朗好像没那么焦虑了。因为他清楚地看到，这件事带给他的好处远远多于坏处，可是坏处又似乎超过了一切好处。妈妈问布朗，针对想家有没有解决的办法。在妈妈的提示下，不一会儿布朗又写了一页纸，比如，问问去年参加过露营的同学，听听他们怎么说，可以把"小蓝"（毛绒玩具）带过去，每天给爸爸妈妈打一个电话。看着这些"想一想"的成果，布朗的眼中闪过一丝不易觉察的轻松。

不急于做决定

父母不要催促内向孩子做决定，即便写完了想法清单，只要情况允许，告诉他第二天再做决定也不迟。小象读小学二年级那年，我打算给她增加一门艺术课：时装设计或者表演课。我带她在同一天先后试听了这两种课程。回家的路上我问她打算学哪个，小象没有当即回答，也没有表现出明显的倾向性，但我能感觉到她在对这两种课程在心里进行着消化和分解，包括老师的态度和教室的环境。回家后，我和她列出了两种课程的优缺点，并写在纸上，我告诉她不用急于做决定，可以留到第二天早上再告诉妈妈，而且两天之内，决定做出后也是可以改变的。第二天一早，小象告诉我，她选择了时装设计。

不给太多选项

让内向孩子做决定是一件漫长的事情。因为他们希望确定自己的选择是对的，因此会反复考虑，反复做决定，又反复推翻，最后还是不知道选哪个。这时，父母就要减轻他们的压力和负担，降低考虑的成本。当你给他提供超过三个选项时，无疑对他形成了更大的困扰，他们需要消耗更多的能量去权衡和对比选项。父母要引导他们把关注点放在少而精的事情上。我们能做的就是给他有限且有效的选项，并支持他的决定。

替他做决定

如果孩子停滞在"想一想"这个阶段，就暂时不要逼他，并且问他："你需要妈妈帮你做决定吗？"一旦你帮他做了决定，他反而会感觉轻松。不要担心孩子余生都会让你帮他做决定。对内向孩子而言，在左右为难时帮他出一步棋，对他们来说等于如释重负。整个过程也绝不是毫无价值，妈妈的决定是建立在孩子充分的思考基础上的，也许妈妈替他做的决定就是他自己想要的那个决定，只是没有说出来而已。

熟能生巧

不要总想让孩子当机立断，父母要尊重他们的节奏和智慧。生活中有太多事需要做选择。在这个过程中，是取还是舍，事物之间的优先顺序如何，都需要不断锻炼。快速决策会带来轻松和高效，缜密思考会带来周全细致，这两者我们都需要。

想太多既是内向孩子的缺点，也是他们的优点。他们大多个性缜密、思维谨慎并且擅长看见大方向与全局，善于分析，但是越深入某个点，就越容易卡在里面出不来。比如，担心会不会有别的方法比现在的更好，会不会有别的答案比现在的更合适。这会导致他"见树不见林"。父母要做的就是在确保情绪安全的前提下，拉高孩子的视野，让他看到更多的可能性，再配以内向孩子强大的分析能力，在经过一番谨慎思考后，他们往往会给出不错的答案。

⭐ 内向孩子的兴趣法则

孩子不是一个等待你灌水的花瓶，而是一支等待你点燃的火炬。

——拉伯雷，法国文艺复兴时期伟大作家

每个人终其一生，都会产生很多兴趣，有的如昙花一现，有的则陪伴终生。兴趣可以成为事业，可以点缀生活，也可以在成年后陪伴其度过内心寂寥的某个夜晚。兴趣是做好一件事情的根本驱动，任何一项学习到了高级阶段，常常是枯燥无味的，而如果有兴趣推动，则会帮助我们克服困难，向着某项技能的更高水平迈进。相比外向孩子，内向孩子的兴趣比较难被发现，他们对新事物的激情很难被点燃，但是一旦找到兴趣所在，态度都比较执着。基于内向孩子的性格特征，他们的兴趣也带有独特的浪漫主义色彩，比如，安静的图书馆、空无一人的冰场，都有可能出现内向孩子的身影。兴趣虽然可以通过后天培养，但它更是一份上天的礼物，内向孩子的父母一定要善待这份礼物，让孩子的兴趣持久并能"开花结果"。

保护兴趣

内向孩子的父母在孩子的兴趣方面很容易误入歧途，因为有时内向孩子呈现出来的兴趣不值一提，父母更想把他们引向一些能登得上台面的兴趣。

我有个朋友在北京，是一位自由撰稿人。她回忆小时候，自己的房间就是一处温暖的港湾。在那里，她能长时间观察她的乌龟；摆弄她的布娃娃；还会用厚一点儿的书当积木，搭在一起，在外面罩上纱巾，把它假想成一个宫殿，让自己的布娃娃们扮演公主和宫女，而且她会一人分饰多个角色并且自言自语。妈妈让她去院子里和别的孩子玩，她却一个人抓蜜蜂，蜜蜂死掉了，她就用花瓣盖一座"坟"，然后在上面用小纸壳写上"蜜蜂之墓"。这个内心世界丰富的孩子在亲戚朋友眼中是个无趣的孩子，而她的妈妈一直顺从孩子的内心，从不把她推向不属于她的领地。这位朋友成年后顺利地从某知名高校中文系毕业，一手打造的自媒体运营得有声有色，她总是能以独特的视角去追热点，发现美的事物。她写文章似乎永远处于文如泉涌的状态。她说特别感谢小时候的胡思乱想和自娱自乐，也特别感谢妈妈对她的尊重和鼓励。

糖糖每天都只是玩固定的一套积木，妈妈有点儿担忧，为什么不玩点儿别的呢。当孩子长时间专注同一件事时，家长会忍不住转移他们的注意力，因为这种重复让成人感到厌倦。内向的孩子通过重复来学习，这让他们感到安全和放松。其实长时间玩一个玩具或者重复做一件事情可以开发孩子对这个事物的强烈兴趣，在熟知的领域更容易发现兴趣。所以说，尊重内向孩子长时间对某个玩具的占有，就像尊重外向孩子短时间内换很多玩具一样。没有孩子不喜欢新奇事物，但是新奇是短暂的，兴趣却是能够持续的。

接触并尝试

到底是先有了兴趣才去行动，还是先行动了才找到兴趣。这个问题要比先有鸡还是先有蛋简单多了，因为这两种情况都有可能发生。父母要做一名尽职的领路人，广泛撒网，让孩子多接触并尝试新事物。大自然是天然的实验室，生活也是百科全书。父母把机会呈现在孩子面前，提供必要的帮助和支持，剩下的，交给时间。很多成功者在童年时，都是父母让他们接触不同的事物，即使他们一开始表现平平，但经过一段时间的沉浸，孩子会在某方面得到进步。

英国著名数学家James Clerk Maxwell在小时候，父亲让他学过很多才艺，但在画画的学习中，细心的父亲发现，他画的无论是人物还是花瓶，都会用几何图形来呈现，所以这位父亲凭借知觉猜测，孩子应该更喜欢数学。

我的手机里也存了很多艺术作品的图片，但既不是画作也不是书法，而是一个个残缺不全的面包。小象每次吃面包都是要么撕，要么捏出一个形状，几口下去，总会诞生企鹅、小猫、小狗。这个爱好带来的享受甚至超过了面包本身的美味，于是我带她去参加了一个造型基础的设计班，小象毫无悬念地喜欢上了这个课程，不知道多年后我会不会穿上她设计的裙子，但享受这个兴趣本身已经弥足珍贵，她会不会成为未来的设计师已经不重要了。

营造氛围

人是受环境影响的。在养育的各种论调中，有种说法叫顺其自然，意思是不强求、不催促，但是和父母为了培养孩子兴趣刻意制造出某些环境氛围并不矛盾。作为领路人的父母基于自己的观察以及对孩子的了解，带着孩子靠近环境，未尝不是一件对内向孩子兴趣开发有意义的事情。匈牙利心理学家拉斯洛·波尔加把女儿培养成国际象棋冠军。其实这位父亲对国际象棋只懂皮毛，但他会在孩子小时候每周两次带她到象棋俱乐部溜达，先接触国际象棋，然后好奇，再去尝试。我们身边也不乏那些孩子年幼时期常年跟随父母进出画室或音乐厅，哪怕是琴行，继而对美术或音乐产生兴趣的例子。当一个孩子经常在一个特定的环境和氛围中，自然会对某种东西产生亲近感和熟悉感，关注点就会更多地往这个方向转移。

坚持

内向孩子也是孩子，他喜欢的事情就一定会坚持到底吗？开始都是既新鲜又好玩，但只要认真起来，就不会那么好玩了。兴趣的坚持有一半是来自父母的坚持。不管兴趣的数量如何，若没有几年的坚持，任何技能都谈不上是技能，还白白浪费很多时间和金钱。习惯的养成对坚持来说很重要，比如钢琴是令很多孩子发怵的事情，形成惯例就会感到安全，也会把练琴当作自然的事情。

心理学中有个术语叫心流，是指一个人在专注进行某行为时所表现的心理状态，是一种将个人精神完全投注在某种活动上的感觉。心流产生的同时，人们会有高度的兴奋及充实感，它会让一个人对这项活动有主控感，达到忘我境界。对于内向孩子，他们很小的时候就在体验心流了，这是建构在兴趣之上的非常难得的体验，会给内向孩子带来力量，甚至代表他们的生命质量。如果汩汩的心流被生硬切断，对内向孩子来说无疑等于失去了一笔财富。兴趣在先，心流在后。内向孩子的父母要做到尊重天性，保护兴趣。因为内向孩子更需要稳定和一致，这样他的精力消耗就会减少，这份稳定来自家庭和父母的养育方式。

在公园，在商场，经常能看到很多家长大呼小叫，一会儿让孩子看这个，一会儿让孩子玩那个，似乎孩子坐在那里多观察一会儿就浪费了生命似的。父母的做法会让内向孩子疲惫万分。建立兴趣的前提是先观察，要给他们这个时间。恰恰就因为这个"静"的特质，他们的兴趣，无论是运动方面还是艺术创作也都带有安静、独立的色彩。

兴趣爱好没有好坏差别，不必随大流。有人喜欢画画，有人喜欢收藏画。如果父母尊重孩子的兴趣法则，相信每个内向孩子都拥有属于自己的兴趣之花，并美丽绽放。

★ 内向孩子是暗藏的谈话艺术大师

耐心是一种更有效率的爱的方式。

——皮耶罗·费鲁奇，意大利著名哲学家

露露是个五岁的小女孩，她说话时，如果站在一米外，对方就听不见了。在幼儿园里，她每天说话的总量还赶不上别的孩子一节课说的多。安静的孩子和健谈者这两个称谓似乎是永远不能相交的圆。露露的妈妈是一位老师，有一次带她去学校，妈妈开会时把她交给自己的一个学生——一个高二的姐姐看管她。两个小时的会议结束后，那个学生带着很吃惊的表情对露露的妈妈说："老师，您姑娘太能说了，有机会让她来给我们讲课都行。"

吉吉六岁。妈妈让刚看完动画片的她过来吃水果，吉吉并没有马上被果盘吸引，而是说："妈妈我想先和你探讨一个问题：小猪佩奇一家去动物园，可它们本身就是动物啊。为什么佩奇一家穿了人的衣服，会说话，并且直立行走，它们参观的动物就不穿衣服，不会说话，而且用四条腿走路呢。"妈妈告诉她这是一个童话，小猪的生命是作者赋予的，只有这样才能让孩子们更容易理解动画片的含义，如果你长大了，也能写出这样的故事呢。借由这个话题，吉吉和妈妈又聊起了大学、高考、专业、作家、正版图书、稿费的话题。吉吉的妈妈忽然意识到，自己和很多成年人在交流的内容上都没有这么丰富。

这也许是内向孩子所拥有的最出人意料的天赋。内向孩子很多是深藏不漏的谈话艺术大师。他们并非在任何环境下都这么健谈，对环境和谈话对象都有特殊的要求，若要让内向孩子展现丰富的谈资的条件，有三个要素至关重要：

安全的环境

本质上，内向与多言并不矛盾。从某种程度上讲，因为内向者在平时倾听和吸收的多，表达和释放的少，属于少输出多输入的类型。相比外向者而言，可能思维活动更频繁、更剧烈，如果其本身敏感细致又善于思考，可以沉积很多想法或感悟，只是在什么时机什么场合表达出来的问题。确实有很多内向者木讷寡言了一辈子，也没有出现任何表达上的高光时刻。这只能说，很遗憾，他们没遇到能激发其表达欲望又安全的环境。对于内向的人而言，环境的作用更重要。很多内向的孩子在学校通常安静不语，但回到家后，却能把妈妈的耳朵磨出茧子来。小象二年级时，班主任和我说小象是老师办公室的常客，聊天对象还不局限于本班老师。这让我非常意外，同时，又心存感恩，这得是多么有爱的教师队伍让一个入学第一天就掉眼泪的孩子能放松而随意地出入老师办公室并且还能侃侃而谈。

更善于和成年人聊天

内向孩子更善于和大人聊天，这一点在他们很小的时候就展现出来了。如果有个耐心的成年人陪他们一直聊下去，他们的谈资就能源源不断。这是因为，首先，他们的语言能力在很小的时候就崭露头角，拥有较强大的词汇量；其次，由于内向孩子善于倾听和整理，他们对成人语言有准确的吸纳能力并能恰到好处地运用，然后在合适的时机和对象下完美输出。

　　吉吉和爸爸妈妈去朋友家做客，熟悉环境后和对方家里的奶奶聊了起来。那个奶奶用开玩笑的口吻问吉吉，让妈妈再给她生一个小妹妹行不行。吉吉一本正经地说："妈妈工作太忙了，可能没有时间照顾她，而且，妈妈生小妹妹不需要我同意，那是妈妈的权利，有没有小妹妹我都会很开心。"那个奶奶被吉吉的回答惊呆了，她说，你是我见过最会聊天的小孩。不出所料，主人给吉吉准备的玩具和零食的诱惑力都敌不过让他和一个70岁的奶奶聊天。

　　内向孩子更愿意和成人聊天，这是因为相比同龄人而言，成人对内向孩子更包容，说错了也不会批评他，说慢了也不会催促他。如果内向孩子和同龄人聊天，未必能受到如此多的优待。这不禁让我回想起小象小时候，她经常在我们带她外出就餐时，煞有介事地和饭店服务员聊天，而服务员基本对顾客的孩子也会呈现出礼貌性的尊重。对小象来说，和成年人聊天似乎比做游戏更有趣，不过这也带来另一个问题，若一个孩子"健谈"过了头，有时对他人会形成一种干扰。在小象五岁多的时候，我不止一次把她从聊得正欢的场域中叫回来，她有时会很不高兴。后来，我采用了"暴露疗法"，当她再喋喋不休时，我忍着"坏家长"的名号不去管她。内向孩子的感受能力很强，当她察觉到了别人的冷落时，自己停下来了，而不是因被我强行叫回来那样显得意犹未尽。

擅长一对一的交谈

这和课堂上内向孩子的表现有很大不同。课堂上，内向孩子容易被老师忽视，因为他们的表现可能不够活泼主动。有内向性格的人注重专注与深度、自我意识和亲密的关系，而当在场人数超过两个时，内向孩子将很难处理多层关系。内向孩子最常见的弱点是容易迷失在自己的内心世界中，当父母重视和孩子对话时，他们的想法就更容易接近外部世界。对于内向孩子，聊天是一种很有效的情感联络工具，既向孩子表明了你是他们的伙伴，还会给孩子带去快乐，并增进他们对你的信任以及他们对自身的了解程度。父母要珍视这个机会，因为这是走进内向孩子内心的主要方式之一，父母可以少说多问多听。日常生活中，内向孩子的父母会时不时地受到孩子想法的袭击。可以说一对一的谈话模式，是内向孩子看待世界的方式之一，这种方式更有助于扩宽和加深谈话的广度与深度。因为内向孩子的思维有钻牛角尖的特质，父母参与的对话就起到了引导作用。不要轻视他的任何想法和情绪，你会在这种一对一的对话环境中留存很多美好的回忆。

不管怎样，家中如果有此谈话大师，父母更要对其进行认真栽培，让孩子的表达更具深度和内涵。内向孩子有天生的好资源，他们热爱阅读，因此父母可以用阅读作为谈话的突破口，和孩子共同阅读一本书，然后围绕这本书展开讨论，或者让孩子给你讲他读过的书。父母要做的就是成为优雅的倾听者和睿智的表达者，帮助孩子汲取自己天生的力量。

⭐ 内向小孩：我很慢热，但却长情

养孩子与拍电影很像，都有很多相同的担忧。是不是走得快了？是不是走得远了？在家里会有什么表现？在外面又会是什么样呢？

——梅丽尔·斯特里普，美国电影演员

某早教中心，老师搬来一个大玩具箱子，孩子们兴奋地跑过去挑玩具。茜茜说什么也不过去，站在远处看着大家玩。妈妈急得直推她："你也去玩啊！"茜茜像个弹簧人一样，身体晃了一下，双脚还是纹丝不动！

游乐场门前，别的孩子丢开父母冲进去疯玩时，雯雯还像树袋熊一样挂在妈妈身上。

到了一个陌生环境，妈妈要陪球球把所有人、事、物熟悉好几遍，直到地盘踩热，他才放松下来。

课堂上，别的孩子踊跃发言时，小爱却无视老师煞费苦心的引导，看起来无动于衷。

类似这样的体验，很多内向孩子的父母在养育孩子的过程都遇到过，而且多得数不清。

慢热，顾名思义就是热得很慢，需要通过时间累积和内心评估，卸下防备后才会慢慢地呈现热情。不知从什么时候开始，慢热已经被上纲上线地解读成：孩子没有被教育好，而此类型的孩子妈得到的积极建议各式各样，消极的建议也层出不穷：

> 你要多带她出去走走。
> 孩子要跟其他小朋友多玩一玩。
> 不要那么惯着她。
> 从小就要培养她的竞争意识。

达尔文说过："我必须承认，幸运喜欢照顾勇敢的人。"而内向孩子最一目了然的特征就是"不那么勇敢"。于是，在世俗的压力下，许多内向孩子会被父母狠心推开，因为他们的父母以为只要把孩子推出舒适区，他就能被迫学会勇敢。所以好多内向孩子的后背仿佛都有一双被父母推过的手印。并伴随着"勇敢起来！"的命令。很遗憾，赶鸭子上架的效果实在糟糕。小象五岁的时候，还是不敢用肯德基洗手间的烘干器。我有一次气急败坏地大声说："这有什么好怕的？它又不咬你！"可听了这话，小象非但没有生出勇气，反倒更排斥了。真正敢把手放在烘干器下面时，已是八岁。

内向孩子所呈现的慢热，是在迎接新环境时所作出的适应性准备，也是保护自己的方式之一，不过，当父母明白"不够勇敢"是件正常的事之后，总要做点儿什么的。

接纳你的孩子

这是一个为外向孩子打造的社会。诚然，很多内向孩子的父母嘴上说着放下比较，实则内心还在默默比较。比较会带来焦虑，而焦虑又会转嫁给孩子。这对内向孩子来讲，实在不公平。怎样把口号化作真心接纳呢？你和孩子的对话什么时候能达到下面这种转化，就算做到了真正的接纳：

对话一

妈妈："你刚才玩了海洋球？"

孩子："没有。"

妈妈："噢？"

孩子："我玩了一下，就不玩了。"

妈妈："那你干吗了呢？"

孩子："我就在旁边看，给他们捡球。"

妈妈："你为什么不一起去玩？捡球多累啊？"

对话二

妈妈："你刚才玩了海洋球？"

孩子："没有。"

妈妈："噢？"

孩子："我玩了一下，就不玩了。"

妈妈："那你干吗了呢？"

孩子："我就在旁边看，给他们捡球。"

妈妈："那你开心吗？"

孩子："开心呀。"

妈妈："开心就好。"

焦虑、着急、心疼……都是大人的感受，也就是说，大人不由分说地给本来心情放松平和的内向孩子身上徒增很多戏码，既累又多余。作为内向孩子的父母，接纳孩子是一切教育的前提，然后才是引导他们找到与这个世界相处的平衡点。

提前告知

既然孩子需要更多时间观察环境，不如主动将这个环节提前，给孩子做好心理预期建设，缩短适应新环境的时间。让孩子知道自己要去哪里、会见什么人、将做什么，并对即将发生的事情具有一定的控制力，焦虑感减少，安全感增加。比如，计划带孩子去朋友家做客，可以提前一天告诉她："我们要去王阿姨家做客，她家有一位八岁的小哥哥，还有很多玩具、书、宠物，晚餐会在她家吃火锅。"提供心理准备而带来的安全稳妥对内向孩子来说远远大于临时起意带来的惊喜。

创造条件

Courage（勇气）这个英文单词的词根是Core（内核），意思是内心要有力量，才能生成勇气。在尊重孩子天性的基础上，父母可以创造条件，循序渐进地锻炼他增长内心的力量。

做面包时，让他帮忙搅鸡蛋，洒出来也没关系；去外面吃饭，对他说"请帮妈妈叫下服务员"。多放手让孩子独立做事，就有机会看到自己的价值，就可以感受到"我可以"。"打铁还须自身硬"，一个内心有力量的孩子，更容易坦然面对外部的新环境。

循序渐进是个过程，不要只盯着进，忘了序。在"不强求"的这个过程中需要大量的耐心，短则几个月，长则几年。不要质问他"你怎么不说话啊？怎么不进去啊？"你所做所说的一切只要让孩子感受到两点：（1）我的表现很正常。（2）我的妈妈支持我。当内心因为无条件被接纳而充满安全感，继而产生力量的时候，孩子就会按照自己的步调和节奏，慢慢融入新环境了。

但是，以上三步你都做到了，也未必立刻收获一个勇敢的孩子，现实充满变数，经常不会按照期望来发展，即便你做足了功课。

去年七月，我们和好朋友去北湖公园玩七彩滑梯。排队买完票后，另外两个孩子兴奋地往滑梯制高点走去，而小象不出所料又开始思忖起来。

"想玩吗？"

"想。"

"那就去吧。"

"现在还不敢。"

"那你需要考虑一会儿是吗？"

"是的。"

两个小伙伴已经从高处滑下几次了，小象还在思考。在我不催促不比较，且在十足的安全氛围中度过20分钟后，她终于带着大义凛然的姿态决定豁出去玩一把了。没想到，这时忽然下起了瓢泼大雨，我们等了快40分钟，雨也没停，最后只好回家了。

看，这就是慢热孩子吃的"亏"。这时，父母千万不要掉进说教的坑里，孩子此时最需要理解和鼓励，否则本来就够难受了，再听到"谁让你磨蹭"这样的指责，前面所做的努力都将功亏一篑。

回家路上，小象闷闷不乐，遗憾而又不甘心。

"白来了。"她沮丧地说。

内向孩子是宝藏

"一点儿也不白来，今天你已经战胜自己了，下次你就可以跳过考虑的时间直接上去了！"我坚定地说。

这不是虚假的安慰，我真的认为她站在那里思考的二十分钟自有其价值。不久后，小象在外地旅游时，挑战了类似的高空项目，落地的瞬间，她满眼都是成就感。看着孩子撒欢似的跑去玩第二次，我心中闪过一个声音：惊喜来得并不晚啊！

令人欣慰的是，如今的她，身上也渐渐有了勇敢者的气质，而且，这种勇敢不同于盲目的冲锋，而是一个有了信心和底气的孩子。很多曾经说过"这孩子怎么这么认生"的长辈们，都感慨"这孩子竟然变了这么多"。这里面最大的功臣是父母的包容，没有哪个小孩是天生勇敢的，那些"有恃无恐"的孩子，不过是被爱加持，而这份爱，就来自他的家人。同时，因为被接纳，"善于观察""三思而后行"等优良的品质，也都得以保留下来。

看着这个快进入高年级的蜗牛一样的孩子，我有时也问自己，我真的有做过什么具有灵丹妙药功效的事情吗？好像也没有。焦虑感会经常向我砸来吗？当然会，但我会非常清醒地和自己讲一句话："我所担心的都不是事实。"然后把这些负面能量转化成最大的耐心和鼓励，等待她的成长。慢热是内向孩子与生俱来的诸多性情中的一种，是上天赋予他们的独特秉性。未来很长，孩子的人生还有很多可能，家庭环境、学校教育、社会交往等，都会影响一个人的性格。在诸多因素中，每种其实都有父母的影子，我们鼓励但不催促，给建议但不干涉。假以时日，你一定会对眼前这个发生积极变化的内向孩子露出欣慰的微笑。

第 4 章
chapter 4

内向孩子的社交，
内敛中闪耀着光芒

内向孩子的父母很容易说出一堆孩子在社交方面的消极因素。是的，一些我们认为理所当然的社交，比如开启一段对话，加入一个团体或者向某人求助，对内向孩子来说都是挑战。在参加新的或者不熟悉的社交活动时，外向孩子一分钟就能与对方打得火热，内向孩子可能需要更长的时间来热身。这让内向孩子的父母对孩子的未来感到担忧。这些父母可能没有意识到，内向的人可以在聚会上谈笑风生，也可以是练歌房中的麦霸，甚至可以为了自由大声呐喊，他们也热爱运动。是的，只要环境和情形需要，他们都能做到，也能做好。只是，他们更喜欢独处和深入思考。当你带着对他的爱、支持和不懈的努力来帮他提升社交技巧时，没有理由可以证明他不能成长为一个自信的年轻人。

⭐ 关于内向孩子聚会的美丽新计划

当你决定去做某件事，全世界都会帮助你。

——刘畅《搭车去柏林》

对于很多内向孩子来说，解答复杂的方程式远比在人群中游刃有余地进行社交活动容易得多。一个外向孩子知道如何去结交朋友，能轻而易举地加入一群孩子当中玩耍。他们不需要学习什么技巧。内向孩子在自己家或者一对一的环境中，会感觉很安全，并表现得热情而自信，但在社交场合的表现却截然不同。内向孩子的父母很难看到自己的孩子在人群中"叱咤风云"。

李蓓蕾其实挺喜欢和小伙伴玩，并不像大人所说的"不合群"。但前提是时间充裕，人又不能太多。但现实并非每次都按照理想状况来。上周五放学，校车到站时，好多孩子涌入李蓓蕾家的小区，因为他们来这里参加一个公益活动。在活动正式开始前这短短的二十来分钟，大多数的孩子能迅速玩到一起，李蓓蕾也跟在后面，等她准备好加入时，别人已经分好了组，并讲完了游戏规则，于是，李蓓蕾跟着妈妈默默回到家中。

王小西和李蓓蕾正好相反，他不太喜欢和其他孩子玩。放学后和周末，他更喜欢自己玩。他能和毛绒玩具对话几个小时，父母对他这种长时间自己玩的方式有些担心。可是王小西表示：我就是喜欢自己玩。

　　毫无疑问，李蓓蕾和王小西都是偏内向的孩子。在尊重天性的同时，内向的孩子也需要父母温柔地推一把。如果明明可以遇到更好的自己，但是由于缺失帮助而错失机会，对内向孩子来说就太可惜了。毕竟友谊在孩子情绪健康和心理发展方面起到了至关重要的作用，而且内向孩子情商很高，也善于聊天和社交，只是需要合适的环境作为土壤。

　　孩子学习社交技巧的最好方式，就是和别的孩子在一起。父母很难了解孩子在学校的生活状况，而且学校通常不会教授孩子解决冲突、情绪管理和沟通技巧等方面的内容。与我们小时候不同，现在邻里关系淡泊，孩子的自由时间变少，放学后伙伴们在胡同里疯跑的场景变成现在电梯间匆匆几句的交谈。这就需要父母人为地创造机会，做孩子的社交教练。下面用"派对时光"来作为模板，分阶段分步骤地教会父母们如何看到那个派对中"闪亮的内向孩子"。如果孩子不愿意参加，父母就鼓励他参加，待孩子参加后，再决定以后是否继续让他参加。

聚会前

　　很多大人会故意粉饰友谊。的确，良好的社交能力确实会让孩子受益终生，但这并不容易。家长不能想当然地认为孩子们在一起就会玩得很好，不要毫无准备地把一个内向孩子带入活跃场合。试想一下，孩子和其他同龄人要相处几个小时，如果不为他做铺垫，这个场合对他而言就充满压力和紧张，于是参加聚会变成了负担。当父母为孩子创造机会时，采用温和而短暂的聚会方式并配以"六个事先"，更容易让他们得到锻炼并乐享其中。

事先讨论

把一些一定会进行的流程事先讲给内向孩子听，和他讨论如何面对、如何作答。最好不要笼统地问诸如"你到了他家后注意什么？"之类的问题，而是问"你去参加小米的生日要做的第一件事是什么？""你要说什么、做什么、给小米什么？"……这些细小问题更容易让孩子记住。和你的内向孩子在家进行角色扮演、示范礼物礼仪、穿上得体的服装、双手递交礼物，并且大声地祝好朋友生日快乐等。父母教孩子这样做的目的不仅仅是彰显礼貌，而是让内向的孩子因为有了这些提前的准备，尽量不输在任何一个环节上。当他大方自如地完成这些具有仪式感的流程后，自然会给小主人一家留下好印象，为进一步互动埋下成功的伏笔。

事先安排合适的玩伴

"来，你们一起玩。"家长常常自作聪明地和内向孩子说这样的话，但结果很糟。内向孩子很难同时应付两个以上的朋友，所以开始时要限制玩伴的数量，通常只找一对家长和孩子。这个玩伴可以年纪小一点儿，年龄上的优势会让内向的孩子更有掌控感，或者寻找年龄比他大的玩伴，这样内向孩子可以得到被照顾的优待和宽容的接纳。在这个过程中，孩子们虽然并非同龄，但是一样可以学到爱心、合作、分享、让步、互相帮助等有益的品质。多几次这样的机会，然后再进展到一群家长和同龄的孩子。

内向孩子是宝藏

事先讨论环境

不要想当然以为孩子知道对方家里是什么样子，一些确定会发生的场景应提前让孩子知道，比如小伙伴的家是在市区还是郊区，有没有院子，有谁会在场，是否在那里用餐，对方家里是否有宠物，等等。一定要将各种情况描述给内向孩子听，他才会有心理准备，也会增加安全感和掌控感。

事先讨论应急预案

和孩子进行头脑风暴，尽可能地想到聚会中出现的不快乐因素。比如吵架、疲倦等。可以提前演练应对方针。比如"还记得我们说过的怎么表达愤怒吗？"提前和孩子设置一个只有你俩能懂的暗号，比如，用拉自己的耳朵表示"我觉得好吵"。所以最好先和孩子在家庭中实践，重复使用几次，就能自然地应用这种技巧了。每次成功后都要给他鼓励：谢谢你记得咱俩的暗号。如果聚会是在自己家，为了避免争执，可以把自己喜欢的玩具先藏起来。当然，即便父母帮助孩子做了这么多准备，他们可能还会产生挫败感，这都是正常的，只要我们仍然相信他在这个过程中所吸收的东西会对他增加勇气和力量有帮助一定就好。

事先到场

如果对方家需要，可以提前带孩子去帮忙，既展示了优良的品德，又熟悉了环境。当别人到的时候，孩子会觉得他更了解情况，从而更自信更具有勇气。想象一下，若一个事先熟悉了地形的内向孩子可以带领其他人去洗手间，这个向导的身份会让他在接下来的时间都拥有一种难以言状的力量。

事先生理准备

确保参加聚会前让内向的孩子吃饱睡足。外向孩子可以不吃不喝照玩不误，而内向孩子则必须"满格电上阵"才行，否则他们就会很快耗电完毕。他们的精神状态取决于生理现状。内向孩子参加聚会或者集体活动的时间不要太长，让聚会按照事先约定的时间或者提前结束都可以。当意犹未尽时，他们也许更期待下次。

聚会中

父母留在附近陪伴

很多外向孩子的妈妈说带孩子参加聚会就是自己的休息时间，可以和其他妈妈畅所欲言，吃吃喝喝；而内向孩子的妈妈则大部分时间需要留在现场，但不要插手，直到孩子感觉自在了，其实你也可以抽离出孩子的场域，但时不时还要远观一下。

注意活动内容

聚会中无论是主人还是客人，都要限制孩子长时间使用电子产品，尽量少用或者不用。因为它既不能产生同伴间的互动，还容易使孩子上瘾，很难再放下。大人应避免牵头倡导作秀，如钢琴、舞蹈、赛诗会等。请大人放弃比较，不制造让孩子互相嫉妒的机会，因为在聚会上进行这样的项目并不是激励孩子的好时机，尤其是对内向孩子而言。（孩子自己乐意另当别论）

接纳情绪

对于聚会中的某个环节或和某个玩伴的关系，内向孩子内心戏有很多：我要做，但我怕；不做，会后悔；我很好奇，但我要先观察一下。父母接纳孩子所有的感受，当他感受到支持和被接纳时，这

些复杂的感受就会慢慢被稀释，最后回归平静。（关于内向孩子的情绪问题详见第二章）

观察生理状况

内向孩子是靠安静来蓄能的，他们无法跟外向孩子一样长时间活跃在一个场域，需要适时休息。在他们没累之前，可以带他们离开或者短暂休息。不要造成精疲力尽的状态，而是让他们舒适愉快地参加活动。这样，留在孩子心中的才是美好的回忆。

聚会后

总结回顾

跟孩子一起找一个放松安静的时光，进行白天聚会的复盘：你今天最开心的事情是什么？你期待下次的聚会吗？你是否想邀请他来我们家？你觉得你会是一个热情的小主人吗？从这些只言片语中，父母可以捕捉到孩子在这次聚会中的情绪和想法。

以身作则

内向孩子的父母在很大概率上也是内向的人，但这并不意味着他们的社交能力就一定是短板。父母可以在自己的社交风格上加一点儿活泼的元素，可以在孩子面前展现主动社交。比如，王小西的爸爸经常有意在小西面前大声地和小区内的快递员叔叔打招呼，在电梯里和邻居短暂聊天，定期邀请朋友来家里，展示自己做主人的热情。

鼓励

肯定孩子本次聚会中的上佳表现，指出他在本次活动中获得成功的细节，而并非盯住不足之处，然后告诉他，相信下次他也一定会很开心。

新计划

趁热打铁，列出新的邀请名单。和孩子一起畅想下次聚会的场面以及做小主人的快乐。如果你的孩子不善交谈，可以考虑滑冰、看电影、逛动物园等活动安排，既有相聚，又不失独立空间。这样不会给他带来负担。

大人认为交友很容易，好像天生就会，但是他们也很难用语言确切地说清楚应该如何做。即使是我也很难回忆起小时候是如何交朋友的，仿佛朋友就自动在那里了，我觉得跟谁都可以一起玩。内向孩子在摸索友谊这条路时，并没有我们想象中的困难，只是他们对于友谊的要求有的具有个性化，并且大多数内向孩子的朋友质量精良，但数量很少。家长不必过于强求，只要耐心做好孩子身边的社交教练。剩下的，交给时间去检验。

★ 内向孩子的领导力：40%的高管都说自己是内向者

不是非得成为一个热情四射的领导者才能带好团队，看看圣雄甘地就知道了。

——苏珊·凯恩《内向性格的竞争力》

八岁的小呆是个安静的男孩，在热闹的场合，无论别人怎么努力给他上发条，都无法使他兴奋，他会溜到一边看书或者坐在那里默默观察一切。或许是他的妈妈太专注于让儿子融入外界环境，有一点她没注意到：在一群孩子叽叽喳喳地讲解游戏规则时，小呆会站在圈子的外围，但他的表情并不窘迫也不着急，而是非常——淡定。

很多人会把性格和他未来所从事的工作联系到一起，小呆的妈妈绝不会认为自己的孩子和领导者有什么关系。小呆长大后的样子我们不清楚，但我们知道安静不等于软弱，也不意味着不能服众。世界上的一些顶尖领导者恰恰是安静的人。印度的圣雄甘地，他在自传中描述自己是个绝对腼腆的人；比尔·盖茨自称内向，而这位天才却将微软打造成世界最强大最赚钱的企业之一；著名的股神巴菲特也是一位内向者，他沉静善思，常常伏案几个小时研究金融。

领导力是西方教育最看重的品质之一，内向者可能具有更强的领导力。因为领导力不是权力，它不是当领导才需要，而是个人的一种能力。领导力通过什么来展现呢？站在麦克风前面慷慨激昂地演讲？还是为自己打造耀眼的光环？还是一种安静的自信呢？内向孩子身上的特质和领导力有什么关系呢？

影响力

哈佛商学院教授弗朗西斯·弗雷教授说过："领导力表现在因为你的存在能使他人感觉更好，当你不在的时候你的这种力量还能一直持续。"领导力本质上更强调的是影响他人的力量，即影响力。加州大学的学者们对北美高校学生的领导力状况进行了一次调查研究，该调查的结论引人瞩目：每个孩子都有潜力成为领导者，内向者也可以，只不过每个人施展影响的广度和深度不同。

小呆不是个健谈的孩子，但是他说话时，大家都会听，他并不需要大喊大叫来吸引别人的注意。进行小组讨论时，小呆经常最后一个发言，他很少重复别人的观点。小呆的发言充满逻辑性和前瞻性，经常会令其他同学听不够。小呆平时话不多，但每逢有分组之类的活动，大家都愿意拉他入组，他身上好像有一种无声的凝聚力和号召力，如果他不在，就好像缺了些什么，也就是说，能够让大家凝聚在一起并不是靠口才，而是源自其性格中一种与众不同的吸引力。

思考力

外向的人容易受到外部环境的影响，当需要更深层次的发展及策划时，外向型领导往往不如内向型领导者深思熟虑。在信息超载的社会，内向孩子的思考就像加载速度慢的网页，但却可能拥有很赞的内容。事先准备与思前想后是领导者能力的重要部分。别看小呆只是个八岁的孩子，他有一句口头禅是"假如……会怎样？"比如，听到乌鸦喝水这个故事时，他认为乌鸦并不愚蠢，也不讨厌，假如当年伊索多写一些乌鸦的聪明故事，人们对乌鸦的印象会不会改变呢？小呆暑假和爸爸妈妈自驾车去旅游，一向怕麻烦的爸爸主张少带些食物，路过服务区可以去买。小呆想假如服务区的饭菜不好吃怎么办呢？吃不好感觉就不好，感觉不好爸爸开车就会累。事实还真的验证了小呆的猜测，连续路过两个服务区都在封闭施工，多亏有了小呆的先见之明，全家人才在车上一直有东西吃。

多问"假如……会怎样"，这种可能性思维是领导能力的另一个标志。这可以帮助孩子换位思考，而且站在更高的段位。虽然性格内向的领导者并不拥有像外向的领导者那样的外表，但他们有条不紊的思考力和独处能力，是诸多职业应具备的核心要求。

感知力

内向孩子能够感知到事物的多样性和变化性，对他人的情绪有良好的感知能力，他们通过对方的语气、表情、动作来准确地察觉他人的内心活动情况。

小呆学习成绩不错，老师和同学都很喜欢他，但他对班级里成绩最差的同学给予了更多的关心和帮助。小呆说，每次那个同学答错问题被同学们嘲笑时，自己心里就会跟着难过；而每当他答对问题，老师号召大家鼓励他时，小呆总是很卖力地为他鼓掌。小呆同情弱者，很容易对他人的境况感同身受，具有很强的共情能力，这得益于他平时善于观察和思考。假想这个孩子以后成为领导者，想必也会具有较高的情商，能够觉察并体谅下属的感受和想法。

责任感

事实上，当领导并不需要极强的社交能力或者舞台表现力。内向者，不必改变自己也有可能成为出色的领导。内向者从未真正摆脱安静的天性，但他们会学会如何克服腼腆，来完成属于自己的使命。当他们很小的时候，这份社会情怀在内向者身上就有所体现了。小呆的负面情绪似乎比同龄孩子更多，说来很有意思，负面情绪既不来自父母的责备也不来自伙伴的争吵，而是来自很多社会现象。比如，他看到有人破坏公共设施，这样的现实令他不满，他就很愤怒，想去改变。这种情绪看上去消极，实际积极，如果转化得当，力量非常强大。他们也更愿意遵守和别人的约定，无论是别人一句随口的承诺还是言之凿凿的约定，他们都认真履行，虽然有时看起来更像认死理，但同时也更能取得他人的信任。

执行力

这种能力似乎和内向孩子犹豫不决的个性相悖，但实际二者并不冲突。在遇到事情前，内向孩子可能外在的表现是沉着冷静，甚至稍显踌躇，而内心却在整理种种复杂想法。在对事情作出反应之前，他们需要充分了解，然后有条不紊地推导出一个行动方案。比如"没到那步呢"，是小呆的另一个口头禅，他做很多事情都有条不紊，小到涮火锅时吃菜和肉的顺序，大到完成一件学校布置的实践作业。在实际说或做任何事情之前，他会花很多时间在头脑中讨论情景，他很少将一个不成熟的想法公开。内向者有更多的血液流向额叶和丘脑，这是大脑中处理和解决问题的区域。他们更擅长先思考再行动，于是这种行动往往更可靠，也更富有成效。

学习力

很多内向孩子上了大学后像换了一个人，因为大学给予他们更为宽松的环境和更多的可能性。大学的教学方式让很多内向孩子的专长得以发挥。例如分析和解决问题的能力、主动学习和甄选课程的能力、阅读和写作能力。他们常让老师感到惊艳。我有一个名不见经传的学生，在大三撰写论文开题报告时，我才发现他对于人类历史知之甚多，这已经完全跨越了他的学科和专业，近乎专业的程度绝非一朝一夕才能获取。果然，他说从五岁开始就开始泡图书馆了。当一个内向孩子开始畅谈他所钟爱的话题时，一部真人带解说的纪录片仿佛就呈现在你面前了。

领导力，在内向孩子的性格特质中都能寻找到。据调查，40%的公司高管都将自己描述为内向者。沃顿商学院教授亚当·格兰特的调查研究显示：在某些环境下，内向领导者要比外向领导者更加高效。回到孩子的世界，在校园内，手臂上戴着一道杠、两道杠、三道杠的孩子并非垄断了领导者的位置，对没戴上"杠杠"的孩子来说也并非全无机会。为人父母要善于发现内向孩子所具有独特的人格特质，肯定他们是神奇的存在。即使置身于喧闹的同龄人中，只要拥有了解他的父母，他们内在的安静力量终将绽放光芒，如果他们愿意，未来也许会成为卓越的领导者。

⭐ 你有一个权利叫作——不分享

尊重自己的人不会被欺负，就像穿了一件无敌的盔甲。

——亨利·郎费罗，美国诗人

内向孩子似乎留给人一种好说话的印象。

在一个公园里，两个个子相差一头的男孩扭作一团。高一头的孙捷克从背后抱住一个瘦弱的小男孩，绕过对方的脖子俯冲而下要拿走他手里的石头。被侵犯的小男孩叫小壮，四岁，他猫着腰把石头紧紧护在胸口。两个小家伙都屏住呼吸，不出声地较起劲来。这个场面让小壮的妈妈很吃惊，她没有想到小壮有如此强的爆发力。这也让抢玩具的孙捷克吃了一惊，看来"老好人"也不好欺负啊。

两家大人是多年好友，见孩子这边燃起战火，都马上赶了过来。小壮见到妈妈，才"哇"的一声哭了起来。随即，各种质问、安慰、调节此起彼伏，两个孩子也在"是我的石头、是我先拿到的、是我先看到的"争执声中被自己的妈妈拉到一边。

小壮的妈妈："那么多玩具你不玩，一块破石头有什么好玩的？"

孙捷克的妈妈："满地都是石头，你为什么非要抢小壮的？"

小壮的爸爸："没事，小孩吵架，一会儿就好。"

孙捷克的爸爸："捷克你是哥哥，你要保护小壮，你今天的行为可不对啊。"

后面的剧情顺理成章地发展成：小壮的父母教育他凡事与人为善，失去了这块石头，还有另一块；而孙捷克则被爸爸批评了一顿，理由是没有男子汉风度。

在这个故事中，弱者小壮似乎给我们留下了更深刻的印象，他甚至颠覆了自己在所有人心中的形象：人虽老实，但内心也有小宇宙，并在关键时刻一触即发。遗憾的是，小壮的父母对他的"凡事与人为善"的引导和教育辜负了小壮的内心力量。家长希望孩子能分享他们的玩具，这是崇尚集体主义带来的影响，也是典型的成人思维。成人的世界圆滑复杂，与人为善的背后藏着更多社交规则，但这并不适用于孩子的世界，因为凡事都"善"对内向孩子的心灵和权利都会造成伤害。

事实是，在孩子学会分享之前先要让他们体验所有权。对孩子来说，就是对一样东西的支配权，哪怕一粒石子，他也可以决定谁才可以碰。早期教育专家艾达·勒善说过："要让孩子学会慷慨，就要先允许他们自私。"说得多好，给予的前提是先拥有。分享是一种社交选择，真正的分享应该基于友爱和善意，我发自内心地愿意送出我的东西，因为这会让我感受到分享的温暖。另外，分享也要建立在信任之上，也就是说，我的东西暂时给了你，但它还属于我。内向孩子在分享之前，心中会有很多糟糕的预想：这个东西会不会一去不复返了，它还属于我吗？在分享这个问题上，千万不要忽略内向孩子的心思，这是他们与生俱来的思维方式。

让我们把镜头拉回到之前的画面，想必孙捷克也未必是一上来就抢石头，也许他发出了请求但被小壮拒绝了。孙捷克需要学会的是懂得先来后到和轮流玩耍，而小壮护住自己石头是正常的，这是一种健康的行为，而如何礼貌地捍卫自我并且优雅地说不，是小壮要学习的功课。基于不同的个性，家长要引导孩子朝自己要改变的方向前进，这将对他的整个人生都有深远的影响。毕竟内向孩子的父母在潜意识里都有这样的担忧，怕他们无法适应这个外向的世界，我们都希望自己的内向孩子成为一个独立自主且具有维权意识的人。

毋庸置疑，当两个孩子已经扭打到一起，大人是要进行干预的。把两个孩子拉开后，小壮的妈妈可以这样做：把小壮带到一个相对安静的地方，这会让小壮感到安全。小壮妈妈先抱一抱他，对他说："妈妈看到了，你很生气，很委屈，你在努力保护自己的东西。"然后给孩子几分钟舒缓情绪的时间，不急于继续交谈，更不要说教。待小壮情绪平稳，妈妈告诉小壮，他是石头的主人，他来决定给不给别人玩，让别人什么时候玩，玩多久。千万不要给孩子施加压力，也不要灌输"你要友好""要懂得分享"之类的说教。为人父母，任务是引导社交和传递正确的价值观，但不是让孩子取悦所有人。父母希望孩子作出退让，换取良好的口碑和暂时的和平，但实际上，连成人都不愿意这么做，即使"慷慨"地把自己的物品拱手相让，内心有多么不舒服也只有自己知道，难道我们希望自己的孩子也面对这样的难题吗？

话说回来，当小壮听到自己被赋予主人的使命时，会不会由于胜任感凸显而稀释刚才的负面感受呢？生活不是剧本，小壮作何解答我们不得而知。总之，什么反应父母都要接纳，没准小壮能提出一个"一起玩"的解决方案，和平又完美。

再来看孙捷克，他需要明白如果硬抢会导致他失去朋友的信任。他需要克制冲动，学会等待而不是抢夺。等待对于孩子来说是异常艰难的，但如果有大人的陪伴就容易一些。孙捷克此时也需要一个拥抱，而非大量的指责，更不要被冠以"恃强凌弱"的罪名，那样会暗示这个孩子是个霸王。孙捷克的妈妈可以拿出几分钟的时间，与他共情并了解原因。

一块石头和一块宝玉在孩子眼中的价值是一样的。如果孩子是内向的，父母更需要给他们足够的安全感，并且非常笃定地告诉他们"你可以不分享，这是你的勇气、你的权利。"试想，未经孩子同意，父母就立即拱手相让孩子的物品，孩子就会认为"我不能指望妈妈保护我，我不重要，分享意味着我要放弃自己喜欢的东西。"如果将这种观念携带到成年，对内向者来说，是沉重的负担。

无论是小壮的家长还是孙捷克的家长，都要引导孩子建立自己的物权领域并尊重他人的界限。这需要在生活当中逐渐培养。可以在家里帮助孩子开辟出属于他自己的物权领域，比如，孩子的柜子和抽屉，里面放置的是他的东西，当父母需要借用的时候，要向孩子发出请求，比如"我能借用你的彩纸吗？"用完以后，再对孩子表示感谢，比如"谢谢你借给我彩纸，对我非常有帮助。"。当父母这么做的时候，孩子会对自己的物权有比较明确的意识，同时，也明白尊重他人的界限在哪里。

对内向孩子而言，不分享既是权利也是勇气，若要内向孩子达到美德与权利的平衡，父母不但需要进行引导和支持，而且可能需要给孩子更久一点儿的时间和反复练习的机会，那也是非常值得的。

⭐ 和内向孩子开玩笑是个技术活

很多人抱怨玫瑰有刺，我则感激有刺之处才有玫瑰。

——安布罗斯·卡尔

我是个内向者，身边也有很多内向的朋友，为了写这本书，对内向者也做了大量的研究和调查。善解人意，应该被算作内向者的性格特点之一，但是有些内向孩子还有一个让人吃惊的特点——容易曲解别人的意图。即使说话者没有意识到，内向孩子也偶尔会听出对方话里行间的敌意和优越感，他们有时候也很难理解某些幽默，一句玩笑或者一件微不足道的小事，到他们这都变了样。

布丁六岁，邻居小哥哥谦谦十岁。谦谦非常懂事，对于布丁这么大的小弟弟，他谦让有加，很有绅士风度，但有一天布丁却愤愤不平地告诉妈妈：我看到了一个独轮车，谦谦却说像我这么小不能轻易尝试，就连他有一次都摔了个大跟头。哼，谦谦一点儿也不谦虚！

小闯不小心摔了一跤，由于摔的动作很滑稽，惹得妈妈哈哈大笑，于是小闯又故意摔了第二跤，沉浸在人来疯中无法自拔，最后穿着布满尘土的裤子，若无其事地跟着妈妈回家了。小安也摔了一跤，站起来时鼻子上还粘了一块泥，妈妈忍不住笑了起来，但是小安觉得自己受到了嘲笑，气急败坏地站在原地，哭了起来。

当别人一句不经意的话或者表情被内向孩子解读为嘲笑或者贬低时，父母往往第一反应是先否定他们的感受，然后忙于解释和澄清：人家在和你开玩笑呀，但有的内向孩子在短时间内却还是绕不出来，最后他们的父母就会失去耐心，懒得解释，可能还会扔下一句"小心眼"给那个委屈的孩子。

我不止一次庆幸自己知道了这里的奥妙，可以从天性角度理解孩子，并且清楚地知道，作为父母，我们无法控制别人如何对待孩子，只能逐渐让孩子学会正确解读外界给他的信息，然后引领他们通往豁达大度的方向。

内向孩子是感性的，他们和外向孩子所依赖的大脑回路不同，行为模式也不一样。的确，有些内向孩子伴随着敏感的特质。虽然不能改变孩子的大脑回路，但父母仍然可以努力帮助他们协调大脑功能分区的活动，让内向孩子的内在世界与外部世界相沟通，并且帮助他们积极思考。外向孩子说得快、讲得快、做得快，这就导致他们欠缺一些反思能力，内向孩子生活在自己的内部世界中，需要有人适时适当地把他们拉到外部世界中。如果父母不善于倾听他们的想法并给出反馈，他们就可能迷失在自己的世界中。其实，内向孩子特别需要知道有人在外面倾听他们的声音，并且告诉他们：你的想法和感受都是真实的，也是重要的。内向孩子的这些做法其实是在试着把自己内心的想法拿到外部世界中做一番验证。所以父母在纠正他们的行为之前，先要做到宽容地接纳。

对于某些内向孩子来说，悲观是一种习惯。他们习惯以感觉来找答案，而且感受力和想象力强大，很容易受到情绪的影响，即使是别人不经意的一句话，也会让他们因此伤心，如果父母不了解情况，便会认为孩子又是在和这个世界过不去。

有一天，小象在跳绳课上忽然哭了，她似乎也知道自己的哭泣会让他人感到奇怪，于是她努力地把头扭向墙角，小声啜泣。虽然大人觉得她哭得莫名其妙，但一定有原因。我问是脚扭伤了？挨批评了？她说都不是。我心里也挺慌的，但那一刻除了陪伴也做不了什么。几分钟后，我觉得她情绪释放得差不多了，我说现在能告诉妈妈吗？她点点头。事情是这样的：

两个教练在聊天。

A：教室好热。

B：吃不吃雪糕？

A：好啊。

B：想吃自己去买！

A教练什么都没说，就去走廊看手机了（走廊凉快一些）。

几分钟后，A教练回来了。

B：我真的有雪糕，吃不吃？

A：不吃了，我的心已经冷了。

这段对话被小象一字不漏地听到了，她立刻同情A教练，觉得A教练特别可怜，A教练遭到了不公平待遇，她感到特别伤心。其实也是把A教练的体验投射到自己身上。她完全没有意识到这是二人之间开的玩笑。

父母先不要急着否定她的感受，并且允许她和自己的感受待一会儿。所以我没有急着告诉她：这不是什么大不了的事情，你误解了别人的意思。当我们着急去解释的时候，在孩子看来等于一种对抗，等于推翻了她的信仰，毕竟在那一瞬间，扑面而来的感受是真实的。父母做到倾听就好，不要忙于处理。下课后，我指了指A教练对小象说："你的教练情绪状态完全正常，似乎比刚才还开心。其实两个教练在开玩笑，这种玩笑我们从面部表情上一般看不出来，我们把这种玩笑叫作冷幽默。B教练看起来像是在欺负A教练，但事实上他们彼此都没有受到伤害。"

后来，我故意在她面前和朋友们开启自嘲模式"表演"给她看。起初她还有些蒙，后来发现互黑的模式让我和朋友们不但没变成仇人，反而更亲近。比如，朋友说我丑，我则回应对方老气，我们双方从来不会生气，也不把对方说的话当真，最后换来一拨又一拨酣畅淋漓的大笑。慢慢地，小象发现，妈妈和她的朋友们依然彼此相处愉快，她渐渐明白：这没什么，不值得生气，反而是感情的调味剂。

在教育方法中，没有一蹴而就的妙招，而是把这份豁达润物细无声地揉进日常。我们如果"大大咧咧"和"不拘小节"，逐渐地，你的内向孩子也会变得粗线条一些。

开玩笑是一种社交方式，它能拉近彼此距离，让谈话变得更加愉快放松，如果孩子在这方面有认知障碍，父母要帮助他们识别哪些玩笑是善意的，哪些是恶意的，在下结论之前，可以先假定是善意的。父母要帮助孩子包容和接纳他人，让他们明白世界是由不同的人组成的。经过一段时间的锻炼，面对玩笑，小象由最开始的哭，变成忍住眼泪，再变成脸红，再变得平静，现在竟然还能"反攻"一些玩笑。我知道每次当玩笑袭来时，她在努力地组织脸上的每一块肌肉，大脑飞速地加工，内心也在不断地调整，由"炸毛"到泰然处之，离不开父母的耐心引导。

前几天，小象告诉我，有一次她打开一个乐高玩具，但是一个小伙伴说，这么多块，你还不得拼到明年呀？我本能地连忙解释："人家并没有别的意思，就是对这个乐高玩具的复杂程度表示惊讶而已。"但是小象却平静地说："我也没有别的意思，我只是和你说一下而已。"我的心中划过一丝惊喜——她又进步了。

⭐ 说"不"与听"不"——内向孩子怎么面对拒绝

有时候对所有人温柔，反倒是不温柔的表现。

——松浦弥太郎

小区里，两个小女孩在玩过家家，矿泉水瓶、雨伞、打针玩具，还有个衣着华丽的公主娃娃，铺满了长椅。多多站在她们身后，默默看她们玩。画面本来也蛮和谐的，但多多的妈妈沉不住气了，脱口而出："多多，你也和她们一起玩，你们是朋友。"于是多多本能地向前凑了一下，其中一个孩子立刻说："我们不想和你玩！"多多立刻像踩了地雷一样，迅速退后，回到妈妈身边，要求离开。多多的妈妈又鼓励了多多好几次，多多都拒绝再尝试。多多妈生气地说："那你就一直自己玩吧！"然后扭过身去，不再理孩子了。

多多的妈妈是个内向者，当妈后，"母亲"这个词并没有让她变强大，反而觉得自己越来越招架不住这个称号。每每想起自己小时候被排斥、被拒绝的经历，她就更加焦虑和恐惧。多多妈妈希望孩子能免受自己小时候的伤害，希望孩子的世界一片祥和。刚才多多被拒绝这件事，多多妈妈为自己不能保护好孩子而内疚，并且再一次强化了自己的信念：内向者就容易挨欺负。

多多妈妈没有弄明白两件事：第一，年龄差不多就会玩到一起吗？不是的。成年人都不一定会喜欢自己遇到的每一个人，而孩子具有天生的领地意识，何况彼此之间并不认识，这种突然的介入不一定会换来家长心中理想的结果。第二，内向孩子的家长太心急，往往会在孩子没准备好之前，希望他融入新环境，但这类孩子要先对游戏或者群体进行观察，可能需要自己单独玩一会儿，之后才有可能和伙伴们一起玩。多多妈不明就里，生硬助推，最后孩子被拒绝后，母女俩都不开心。

孩子是从我们身上汲取力量的，内向孩子更是。在他们小时候，父母在孩子心中是无所不能的神，但是当挑战和困难来临时，父母却自动走下神坛，表现得如此不堪一击。如此一来，孩子该如何从我们身上获得安全感和力量呢？多多妈妈要努力地把自己从"被欺负"这个概念中解脱出来，被拒绝不等于被欺负。拒绝不可避免，尽管父母非常希望孩子在她的学习、社交、情感方面一路顺畅，但事实是，父母不能也不应该让孩子免于拒绝带来的伤害，而是允许孩子选择自己的朋友，帮助孩子培养与同龄人建立友谊的技巧和能力，接受孩子的社交恐惧和择友偏好。孩子的友谊是稚嫩的，友谊的小船说翻就翻是很正常的。

当然，我们不希望内向孩子屈服于社交压力，也不希望孩子被他们的感受所裹挟。内向孩子需要学习以下技能，而这些技能才是父母应该努力的方向。

做好心理准备，勇敢面对拒绝

在这件事上，妈妈开始时可以这样做：

你想和她们玩吗？（搜集信息）

她们可能会同意也可能会拒绝哦。（心理准备）

你需要妈妈和你一起去吗？（增加安全感）

妈妈也可以适当介入：

你们好，我看到你们在玩过家家，多多想和你们一起玩，她能做些什么，你们的游戏还缺什么角色？（慢慢过渡）

对方不同意，妈妈告诉多多：被拒绝的滋味确实不太好受，不过也许她们只是现在不想让别人加入，你愿意再等等吗？多多摇头。妈妈继续提出解决方案：我们现在是离开这里还是四处转转呢？多多表示要去别的地方。不一会儿，多多和一个两岁的孩子玩了起来，多多做什么动作，那个小孩就模仿她，多多开心极了，在这个小孩身上，她找到了一种掌控感，很快稀释了刚才被拒绝的感受，像什么都没发生一样。

多多妈妈应该明白，被同龄人排斥肯定不是一个决定性的社交宣判，有很多内向孩子四五岁还不会交朋友，到了小学一年级也还是平平常常，大概小学三年级后才拥有自己的知心小伙伴，但是有些孩子则在幼儿园大班时就得到了相对稳定的友谊。

拒绝别人，勇敢说"不"

内向孩子常常会把别人的利益摆在自己的利益之前，这通常是不自觉的行为，因为他们可能觉得退缩和让步比较简单，可以避免受到别人的批评，自己也能免于遭受更多的情绪刺激。父母要告诉孩子，你不仅被别人需要，同样也有自我需求和权益。面对世界，我们只能尽力，不必让所有人满意。

有一次小象去参加一个英语比赛的初试。她和同班的其他五名同学被分到一个考场。按先后顺序抽签答题，其中有个孩子抽到了一道比较难的题，她小声地请求小象和她换题。在考场外面焦急等待的我根本想不到里面会发生这种状况，当小象考完试出来告诉我时，我也很吃惊，小学一年级的孩子居然有这样的心思。以我对她的了解，我真的不敢确定小象是否同意了换题，我故作镇静地问她换了吗? 小象说没换。

内向孩子不是老好人，拒绝别人是每个人的权利。你可以决定跟谁玩以及是否要做某件事，但要告诉孩子，在拒绝的同时不要伤害别人；可以拒绝一个提议，但不能拒绝这个人。父母的职责是帮助孩子管理情绪并且关心别人的感受，即使拒绝他人，气氛也是包容而尊重的。

在玩耍和交友方面，拒绝的艺术似乎更受用。"我现在想自己玩"这种有礼貌的拒绝为未来留出了一扇门，我拒绝了一起玩这件事，并不代表我不喜欢你。这句话所传递出来的信息是：我们稍后再玩，或者我明天再和你玩。同学想要我的一块橡皮，比起"你想要就让你妈妈去给你买啊"这种带刺的拒绝，如果说成"抱歉，我不能给你，但我家里还有一块小的，你想要的话明天我可以带给你"会让人舒服得多。父母要让孩子知道：拒绝也可以很有风度，你不必喜欢每个人，但你要礼貌地对待别人。当然，父母也要教会孩子在面对坏人和不合理要求时要不留余地地拒绝。

内向孩子小时候的生活要顺利得多，因为家人会满足他们很多社交需求，但随着慢慢长大，同龄人在生活中变得日益重要。拒绝别人和被别人拒绝的情况在内向孩子的生活中多了起来，但每种拒绝对内向孩子的成长都是有价值的。父母要让孩子明白，就算是特别好的朋友也是可以有分歧的，朋友之间可以互相商量，也可以互相提出要求。儿童起初的社交本领是很稚嫩的。对内向孩子而言，这是一门不容易掌握的学问，需要勇气和练习。当孩子某一次成功地拒绝了别人，反而会鼓舞孩子，让他们变得更加勇敢和灵活。

拒绝在生活中随处可见。就父母而言，当孩子被拒绝时，你能接受眼前的情形，当然你在心里可以允许自己难受一点点，然后马上力量满满地去关照自己的孩子。如果对方说不，父母要努力的方向其实并不是如何让别的孩子说同意，因为很多时候情形和人是不可控的，我们的方向是解决孩子的情绪问题，接纳他的感受，并帮助他以合理的途径宣泄出来。所以既要学会如何快速地从打击中恢复，又要尊重他人，这二者都能在未来帮助孩子取得成功。

每个孩子都在成长的路上承担着不同程度的社交风险。作为内向孩子的父母，教会他们礼貌地拒绝别人或者正确面对被别人拒绝，这种对"逆境"的体验，让他们的内在力量逐渐变强。当然，这一切都是在父母的支持和理解下才能更好地发生效用。

⭐ "妈妈，他骂我！"帮内向孩子勇敢走出社交困境

事情总有能够克服的一天。等到克服了，人便会不可思议地变得更强大。

——松浦弥太郎，日本作家

冠奇放学回家第一句话又是"妈妈，李小强总骂我"，正在准备晚饭的妈妈忽然感到很烦躁。从冠奇开学到现在，几乎每天放学回来都会倾诉他"被欺负"的事：不是被嘲笑，就是被骂，可是回来毫发未伤，学习成绩也一切如常，老师也没找家长，到底"被欺负"的情况有多严重，她也不知道。但她却被冠奇的抱怨弄得很心烦，不由得脱口而出："李小强怎么不骂别人？骂你的时候为什么不告诉老师，回家说有什么用？"看着冠奇一脸茫然，妈妈又补了一句："要么你不要惹人家，要么你就厉害些，男子汉得学着自己解决问题！"可怜的冠奇，妈妈的这几句话比他口中同学骂人的话更具有杀伤力。冠奇默默走进房间，妈妈继续在厨房挥舞着炒勺。

儿童社交其实有三个部分：和伙伴的关系、和成人的关系、和自己的关系。和成年人的关系对内向孩子来说要好很多，成年人对他们有很大的包容性并且伴有表扬和爱抚，这就是很多孩子喜欢和大人交谈的原因。和自己的关系是指自尊、自信、自卑等，亲子关系

的和谐对自尊和自信的建立有很大帮助。唯独和伙伴的关系是孩子进入小学后需要独自面对的问题之一。在小学，只有父母的爱已经不够了，同伴的尊重和接纳对孩子非常重要。对于内向的冠奇，显然，他在和同龄人的社交中遇到了挑战，他对妈妈说的话已经不是一种单纯的倾诉，当他长时间没有找到解决问题的方向时，需要父母的帮助。

让我们把镜头拉回到最初的场景，假设冠奇妈妈改变了做法。

第一步：共情

这让你很不高兴，特别想和妈妈说一说是吗？

第二步：温和地询问出现的问题，不要评判

冠奇妈妈放下手里的活："李小强骂你什么了？"

"他骂我'鸡冠子'！"冠奇愤怒地回答。

在这个环节，尽量不要问：李小强为什么骂你？因为针对"为什么"的回答是一张长长的答卷，容易脱离中心问题。很明显，这是对方根据冠奇名字的谐音给他取了一个外号。不管这个外号在大人看来多么不值一提，父母要时刻提醒自己，在引导孩子变得豁达之前，要站在他的角度看问题，并为他提供帮助。

第三步：继续捕捉细节

妈妈继续问："李小强每次叫这个外号的时候，你是怎么做的呢？"

冠奇说："我说真讨厌。"

"你用多大的音量呢？"妈妈继续问。

"不大。"冠奇答。

其实妈妈也猜得出来，冠奇说的"真讨厌"估计只有自己能
听到。

第四步：鼓励孩子提出解决问题的方法

父母要对他提出的每个办法都做出积极回应。比如，冠奇说：
"我要告诉老师。"妈妈可以回应他："这的确是个办法，还有吗？"
如果孩子说："我想不出来办法；我不知道；我试过了，不管用。"家
长还是不要放弃他。问问他："要不要听听我的想法？"

第五步：帮助孩子评估他所提的方案

冠奇的解决方案中有：用铅笔在他本子上画鬼脸；告诉老师；
朝他脸上吐唾沫。冠奇的妈妈心里明知道他不会也不敢这么做，但
还是问他，如果那样做，情况会怎么样。帮助他了解自己的选择带
来的负面影响。

第六步：帮他做出行动计划，选择备用方案

鼓励他自己选择一个方案，再准备一个或两个备用方案，并分
别在家里预演。应该让孩子有备而来，而不是在面对问题时，准备
不足。别忘了内向孩子是不打无准备的战役的。

第七步：检验效果

"李小强今天叫你外号了吗？你使用咱们的解决方案了吗？"妈
妈要及时跟进，如果冠奇使用了解决方案，就要鼓励他。如果没使
用，也要问清情况，确认他是否还需要妈妈的帮助。

前面的章节中介绍过，内向孩子愿意把很多想法和感受堆积在
一起，家长要经常走进孩子的内心，了解孩子的社交世界。和他们
聊一些关于他的熟人和朋友的具体问题。比如，今天和某某同学聊

了什么？课间你喜欢玩什么？和谁玩？父母也要提醒孩子思考别人的感受和反应。比如，你觉得如果你大声地回敬小强，他会有什么感受？你一笑了之，他是什么感受？在孩子回答的时候，父母要确保自己能冷静回应，在发表意见之前，先听孩子把话说完。孩子需要感受到的是即使你和他的看法不一样，他的观点仍然会受到尊重。家长应平时鼓励孩子多一些幽默感，多和他们开玩笑，以锻炼他们自我解嘲的能力。

和外向孩子比起来，内向孩子在社交中容易陷入困境，因为他们有时候识别社交信号有困难，可能反应过激，可能把限制性语气当作批评。一句随口的玩笑根本不会在外向孩子身上留下痕迹，而内向孩子却会把它们储存下来并且放大。

我们可以把如何解决内向孩子遇到的同伴之间的社交困境概括为以下三个步骤：

一、制定目标

以回应别人的不友好行为（态度）为例。

（1）目标一定要明确。目标明确会有助于实施和操作。如果说"我要战胜李小强"这就不够具体，要换成"如果李小强再叫我的外号，我就扭过头去不理他"。

（2）量化。比如这周要达到的目标是"拒绝了别人两次"或者"勇敢地和别人对视三次"。

（3）目标不要太高。在设定一个可实现的目标之前，家长需要知道孩子目前的能力和水平。选择一个孩子能够达到的目标，否则他们会有挫败感。

二、练习

练习社交技巧和练琴、踢球是一样的，父母用心陪练，设置合适的场景，营造轻松的氛围，在进行过一两次角色扮演后，鼓励孩子将其中的技能运用到现实中。如果幸运，孩子会首战告捷，这对他的自信心的建立和自尊的提升有非常大的帮助。如果没成功，回家后可以再一次进行角色扮演，父母应给予他力量和勇气，也许需要重复五次以上，才能变成孩子的一种自动化反应。

三、鼓励

再来看一个示范：

和妈妈讨论后，冠奇的目标是：鼓起勇气回应李小强一句大声的话，并且和对方目光坚定地对视三秒钟以上。告诉孩子，眼神交流是读懂社交信号的前提，说话如果不看别人的眼睛，体会不到别人的感受，也无法让对方感受到我们的坚定。接下来，妈妈陪冠奇在家做了如下示范：

妈妈：（语气轻松）我们来做角色扮演，我来扮演你，你来扮演李小强，来，你来叫我的外号。

孩子：鸡冠子！

妈妈：我要看着他的眼睛说：哼！我不在乎。（然后妈妈走开）

孩子：妈妈，他一定想不到我会是这个反应，我明天试试。

妈妈：非常好，想不想试试其他的方法？

孩子：我还可以狠狠地瞪他。

妈妈：你的备选方案呢？

孩子：还可以以毒攻毒，用玩笑战胜玩笑。喔喔喔……（一边说

一边把手放在头顶做鸡冠子状）

第二天，冠奇放学回家。

妈妈：昨天我们练习的角色扮演管用吗？

孩子：不管用，我说"我不在乎"，但他还是继续叫我"鸡冠子"。

妈妈：那你怎么办了？

孩子：我狠狠地瞪了他，然后走了。

妈妈：管用吗？

孩子：管用，他跑到操场去玩了，幸亏我有备选方案。

妈妈：太好了。

生活不一定能按照人们事先编排的剧本进行，不管孩子和父母在家预演了多少遍，孩子的现实很有可能跳出剧本，但父母不能因此就放弃努力，事情是否按照我们的期望来发展并不重要，重要的是在这个过程中，父母和内向的孩子保持了情感的连接，让他们能感受到来自父母的支持和力量。这样，即使失败，孩子也永远处于被父母接纳的状态，他就会有勇气去尝试。经过多次尝试后，肯定会有一次是成功的，而这份成功为孩子带来的信心和力量一定会孕育出下一次的成功。

⭐ 终于开始打招呼，迟来的"你好"和"再见"

你可能会为了逃避打招呼而抄小道溜掉，这很正常，没关系。

——苏珊·凯恩《内向性格的竞争力》

人们希望当好家长，以表明自己成功培养出了彬彬有礼的孩子，但现实是残酷的，大家面临的社交压力可能很大，因为育儿能力及效果会在众人面前暴露无遗。

曾经，我挺怕带小象出去的。这让很多人不理解，你从事教育多年，你的孩子领出去应该是标准的样板娃啊。事情的真相是：我的孩子出门从不跟别人打招呼，牙关紧闭，十个奶油冰激凌都换不来一个甜嘴巴。在她七岁之前，出门时所有的"叔叔好""阿姨好"，都是我替她说的。

我们再来看看下面这四个孩子：

小东见到陌生人就会问好，根本不需要家长提醒。有的孩子似乎天生就很讨喜，他们可爱的笑容和丰富的肢体语言还能给家长的教育加分。

小南见到陌生人不说话，但妈妈会提醒他"小南，问阿姨好"。小南就会条件反射地说"阿姨好"。

小西和小南一样，开始时不出声，妈妈提醒后仍然紧咬牙关不说，等对方离开了，她才从鼻子里哼出一句"阿姨好"。小西的妈妈满脸的恨铁不成钢："人家在时你不说，现在人都走了，说出来有什么用？"

小北和前三个孩子都不一样，不管妈妈怎么引导，陌生人多么友善，"你好""再见"和"谢谢"小北统统都不说。

礼仪对孩子的社交固然重要，孩子如果能够主动打招呼，很多人认为，这是有礼貌的表现，是父母教育的结果，但是，在内向孩子的世界里往往不是这样的。小西和小北都是偏内向的孩子，他们更专注于听、收集和储存语言信息，为合适的表达机会做准备。不和别人打招呼并不代表拒绝和无礼，对于他们来说，对陌生人的畏怯，既是与生俱来保护自己的能力，也是在给自己预热。很遗憾，许多父母会忽略掉孩子的这道"安检"过程，一厢情愿地活在自己"会打招呼才是教育的成功"的面子里。

现在的育儿书籍都会把平等尊重列为最大的教育前提。如果你养育了一个不打招呼的孩子，却为了强迫孩子懂礼貌而不尊重孩子，这是很讽刺的一件事。打招呼似乎很简单，但内向孩子面对新的空间、新的人群、不舒服的味道和扎人的胡子，都认为是不舒服的体验。孩子是有权利保持沉默的，但成年人容易忽略孩子的感受和自尊，觉得他们那小小的身躯里，没有太多感觉，这是大错特错的。我们的目标是让他们向碰到的每一个人打招呼，但要记住，这只是个目标，实现这个目标可能需要花些时间，更不要期待在接受了你的教导后，孩子就做出令大人满意的行为。孩子有权利保持沉默。既然我们不能把孩子的嘴巴撬开，还是老老实实地聊一聊四个原则吧。

接纳为王

不打招呼的小北一岁多就能说出大量的词汇，三岁就能出口成章，但家里家外，小北的表现太不一样了。小北妈妈送她去幼儿园的第一天，老师笑容满面地站在门口迎接，妈妈不断地提醒小北："说老师好，快说呀！"小北就是不说。小北妈妈刚要再次鼓励，就见老师一边走过来一边说："我听到小北说了呀，她在心里说的。"那一瞬间，小北妈妈的眼眶湿润了，并发自内心地感叹：这个老师，选对了。这位年轻老师的做法让小北妈妈很惭愧，她一瞬间在这位老师身上明白了什么是真正的接纳。

示范和引导

握手、叫名字、说"你好"，是中国人欢迎别人的方式；亲吻和拥抱，是外国人欢迎别人的方式。无论你所处于什么样的文化氛围中，孩子都会效仿。所以以身作则是教导社交礼仪的最佳途径，父母每次跟别人打招呼的方式对孩子而言都是积累。父母没有必要每次出门前都义正词严地提醒孩子见人一定要问好，而是仅需要做到按照自己正常的方式和他人打招呼就好。为了鼓励我的内向孩子打招呼，我发现"做自己"也不能做得太执着了。我是一个除了讲课宁愿一天都不说话的人，但我会刻意在小象面前和别人打招呼，比如，小区里的快递员、饭店的服务员、家门口的保安等；而且音量要比平时高，这样会显得更加自信。终于有一天，小象早上对幼儿园老师说了"早上好"，而且是主动的、大声的、真诚的。我到现在还记得我和老师对视的眼神——一切尽在不言中。当时，离小象幼儿园毕业还有一个月，她已经六岁了。

提供变通

孩子脆生生问好的声音确实很动听，但还有很多其他方式可以代替"阿姨好"。比如，可以挥手、微笑，或者告诉孩子，就算这些你都不想做，默默地在心里问候别人一声，也是可以的。

平时多带孩子到人多的场合，让孩子去和别人接触。可以带孩子去别人家做客，也可以招呼朋友来家里做客。苏珊·凯恩在她的《内向性格的竞争力》一书中提到一个橡皮筋理论：对于内向孩子，家长可以逐步拉他们到外向的环境中做外向的事情，但如果拉得太紧就会断掉，关键在于，知道自己孩子的极限，持续并且张弛有度地做这件事。

引导但不强迫

教导礼仪时，要尊重孩子的权利。小象大概五岁时，有一次我带她去朋友家做客，那个朋友善意地帮小象摆正了衣服领子，没想到这个小小的善意的举动却被小象猛地推开，吓了人家一跳。过了一会儿，当小象熟悉了环境后，我引导她用行动来表示友好，比如"你可以帮阿姨去接一杯水吗？"小象欣然应允了。内向孩子对身体界限是有要求的，他们多数天生和人有距离感，很在意个人空间，不喜欢肢体接触，即便这个人是亲戚或熟人。作为家长，我们经常提醒孩子提防陌生人，然而我们忘了，一个好久不见的曾经的熟人对孩子来说，也是陌生人。在一张照片里，有个四五岁的孩子坐在一位长者腿上，这张照片里的孩子并不开心，因为抱他的长者是家族中一位他并不熟悉的爷爷。这种情况下，父母替孩子解围的方式有很多，比如：

孩子从三岁那年之后，就再也没有见过您，他可能需要花点儿时间来适应。

小明不喜欢亲脸蛋，那就和叔叔握个手吧。

这位奶奶想抱抱你，你想抱抱她吗？不想也没事，不过我们要告诉奶奶，我猜她会理解的。

孩子需要大人的力量和帮助，此时不帮什么时候帮呢？以上做法看似是父母在出面解围，但也向孩子示范了如何向别人解释，以及如何防止误会。

关于内向孩子不打招呼的问题，如果你觉得他们做错了，也不用紧张，只要这种事情不常发生。如果你已经耐心地看完了这一节，你就知道以后要怎么做了。无论你是否遵照书中的做法，孩子都不会有太大问题。如果你做了，会更好。大约小学三年级开始，很多人际交往的障碍会逐渐消失，虽然内向孩子的社交礼仪还不完美，但是足够他们应付社交场合了。你是否也发现，他们已经比小时候要开朗很多了呢？只要父母用真诚的态度接纳内向孩子，一切可喜的成长都会慢慢到来。

第 5 章
chapter 5

做孩子的坚实后盾，帮他坦然面对挑战

挫折在带来痛苦的同时，也会带来资源，对成年人和孩子都是。的确，不管怎样，挫折都会过去的，但在历经挫折的路上，如果有建立自信的机会，为何不利用呢？孩子看待世界的观点非黑即白，容易代表好，困难代表不好，因此父母要做出色的领路人，用实际行动来为内向孩子提供切实可行的帮助，让他们明白，困难是经过伪装的失败，困难可以诞生新的智慧，而且让孩子放心，经历这一切的时候，父母会一直在他们的身边，从协助到远观，从心疼到欣慰，父母和孩子收获的不仅是战胜困难带来的喜悦，还有力量、成长、幸福，以及更多的爱。

⭐ 父母助推，小挑战换来大能量

当我获得哪怕是最微小的成功，唤起了内心或调用了想象力时，
我都会感到自己是完整的，充满了生命的活力。

——皮耶罗·费鲁奇《孩子是个哲学家》

我们都想培养出自信的孩子，但是内向孩子胆小慢热，那么静
待花开是不是理想做法呢？很抱歉，仅仅靠年龄的增长是不够的。
持这种观点的父母只是在内向孩子做得不好的地方，给自己找了一
个华丽的台阶而已。自信的培养，不是靠顺其自然来完成的。天性
不能改变，但可以在父母的帮助下向外向的方向合理地延伸。父母
如何帮他们，帮多少呢？

花花上小学后，父母好像也跟着她重温了一遍久违的小学生
活。花花读二年级时，学校组织大绳比赛，这可是"80后"儿时的游
戏啊，但是对花花来说，却是第一次见到，每次她都入迷地看着长
长的、结实的大绳抽打着地面，然后在空中划过一道完美的弧线，
同学们轻盈地蹦进去再巧妙地抽身而出，一路小跑又回到原来的位
置，等待下一次弧线，再伺机而入。花花太喜欢这个运动了，无数次
想象自己也像一条小蛇，游刃有余地在大绳里钻进去跳出来。

在学校的大绳练习中，每个同学等待时间差不多三秒。当大家

一个接一个地跳起来时，花花就不断地给他们让位置，不知不觉退后了一大截，后来干脆完全站到了场外。一节体育课下来，会跳的同学凭借技术没有碰到绳，花花这种不会跳的也一点儿都没有碰到绳。

比赛以班级为单位，眼看离比赛的日子越来越近，老师要求每个孩子必须学会。花花的爸爸妈妈知道，不会跳大绳虽然不至于影响生活，但如果学会了，对花花的自信却可以带来裂变式的提升。花花的爸爸是软件工程师，白天八小时身体成直角状态在电脑前工作，晚饭后最大的愿望就是平躺在床上好好休息。花花的妈妈是老师，白天站在讲台上讲了八节课，回家后只想把双脚架在被子上，实在不想重复直立这个姿势了，但是为了孩子的信心，夫妻二人拼了。

在大绳比赛的日子到来之前，练习跳大绳就排进花花放学后的日程里了。11月的东北，天气已经很冷了，天黑得也早，小区里晚饭后散步的人都很少，只有这三口人锲而不舍地在楼下挥舞着大绳。摇绳绝对是个体力活，面对不敢贸然跃入大绳的花花，爸爸妈妈经常要摇很久，他们知道，如果在最亲近的人面前还不能得到宽容的等待，那花花只会无限拉长学会跳大绳的时间。他们按照女儿可接受的速度摇大绳，花花的身体一直保持跃跃欲试的前倾动作，终于，在爸爸妈妈摇了大概一分钟时，鼓足了勇气，跑进了那道弧线，但是马上被绳子绊住了。花花站在原地，有点儿打退堂鼓，爸爸说："花花你摇，我跳给你看！"花花和妈妈在身高悬殊的情况下，大绳摇得时高时低，爸爸缩着脖子，动作滑稽地蹦来蹦去。花花大笑起来，好像又被注入了能量，同意再一次尝试。这次，花花成功了！她体验到了同学们那种鱼贯而入的感觉，一边跑一边兴奋地喊着："绳子没有打到我！绳子没有打到我！"花花的爸爸妈妈也忘记了一天的疲惫，配合着女儿，摇得更起劲了。

花花的故事并没有像肥皂剧一样有个皆大欢喜的结局——花花顺利地参加了大绳比赛，并且得到了第一名。事实是，花花虽然会跳大绳了，但是由于每次等绳的时间有些长，无法在上一个孩子跳离后迅速地钻进那道弧线，所以没有入选学校的大绳比赛，但她不失落也不感到挫败，她的自信心在父母的帮助下已经建立起来了，所以掌握这项技能所带来的喜悦程度远远大于比赛带来的。上小学后，孩子更加渴望融入团体，获得同伴和集体的认可。没有参加大绳比赛，但是在课间游戏或者体育课上，花花躲过了"站在一边看"的宿命。她终于和大家一样了。

跳大绳是一种多人合作的运动，花花在父母的帮助和自己的努力下，逐渐汇入了主流行列，获得了归属感和力量。这份自信对于花花而言，正如身上又多了一层盔甲；这份力量也会在内心驻扎下来，并陪伴终生。

花花很像电影《阿甘正传》里的阿甘：阿甘生来智商偏低，且身体有缺陷，阿甘妈妈知道阿甘在成长中会遇到异样的目光，为了保护阿甘，妈妈不断告诉阿甘，他是正常的，跟其他人一样。因为阿甘妈妈的积极暗示，阿甘从没觉得自己是个异类。为了鼓舞阿甘，阿甘妈妈经常对阿甘说："每天都会有奇迹发生。"阿甘相信之后，他的人生里确实发生了很多奇迹。

内向孩子成长的背后离不开父母的包容与支持，但前提是需要父母有一双发现的眼睛，发现自己孩子的特质，发现他生活中需要挑战的节点，什么事需要帮助，什么事需要鼓励，并且在了解孩子的基础上，做到不包办，而是看准时机，拉他一把，也就是做到恰到好处的"救援"。对内向孩子来说，对勇气的积累不亚于古诗和英语单词的积累。他们需要多次战胜各种挑战，经历多次蜕变后才能看到更美的自己。如果没有父母的鼓励和陪伴，花花也能学会跳大绳，但不会那么快，也不会感到温暖和力量。有时候父母的支持与陪伴其实就是在告诉孩子——成功和爱一样，就躲在离你很近的地方。

孩子是独立的生命个体，父母无法设计和干预他们的人生，但在他们成长早期的每一个关键驿站，父母都应该陪伴在侧，甚至孩子暮年时回望人生，依然能感受到温暖和力量。

⭐ 别人给我贴标签，父母来当保护神

认识真实的自己，成就独特的你。

——达里奥·纳迪，世界知名神经科专家

大兵的妈妈说，看着儿子在人群中的表现，她实在有点儿忍不下去了。其他小男孩都迫不及待地奔向球场，只有他畏缩不前。好不容易"冲"上前去，过不了一会儿，就退出场外，站在一边。另外，大兵说话速度也比较慢，有时说到一半还会停下来思考，等他思考完，小伙伴已经对刚才的话题失去了兴趣，转投别的话题。每当这时，妈妈就替他把话说完，于是大兵就更加沮丧，后来干脆什么都不说了。

在外向世界里生活，内向孩子很轻松就能把父母变得焦虑：他（她）为什么不能像大多数孩子一样呢？与内向的女孩相比，内向男孩所面临的偏见与挑战似乎更大。男性意味着自信、勇敢，具有冒险精神。温和、安静这些优秀特质一旦放到男孩身上，就立刻变了味道，被懦弱、胆小所取代。

幼儿园和学校也会变成误解内向孩子的重灾区。

小西的幼儿园老师对她妈妈说，这孩子太孤僻了，平时只是自己玩，建议家长多带她出去走走。站在关心和职责的角度，老师一

边向家长汇报孩子情况一边"赶"她进入人群。小西告诉妈妈："老师让我必须和别的孩子一起玩，可我只想和小胖玩，今天小胖没来，我就只想自己玩，为什么不可以呢？"

一想到内向孩子受到这么多束缚和偏见，我就非常心痛。很多内向孩子的家长没有意识到，自己应当陪在孩子身边帮助他们应对别人的评价，而不是过度关注他们"不合格"的社交能力，这样才能让内向孩子身上的潜质和优势安全地破冰而出，给全世界展现出闪亮的自己。内向孩子父母的养育之路更加任重而道远，面对别人看待孩子的眼光，他们的内心需要更强大，也要掌握更恰当的方法来应付来自社会的压力。

更正观念，为孩子平反

认识自己并接纳自己，是让内向孩子绽放的根本所在。一个连自己都无法认清的人，未来路上要么因为怯懦而止步，要么因为缺乏认可与支持而跌跌撞撞。父母要帮助孩子为自己所遭遇的标签正名。内向是一种气质，是一种实实在在的存在，和一个人的身高长相一样真实，这不是错误，更谈不上失败。父母的要务就是接受自己的孩子，不断肯定他的气质，尊重他的天性。面对一个陌生的领域或人群，不要急于推他融入，而是告诉他：你可以不和大家说话，过去看看就可以，如果孩子拒绝，则不要继续勉强。你的家庭氛围和教育方式，乃至一个眼神和微笑，都能向孩子传递出一种态度：你这样就很好，不用刻意改变。当自己的特质被外界所接受时，内向孩子就能获得勇气和自信，也会迈着缓慢的脚步逐渐靠近外向的世界。

不做帮凶

旺旺正和妈妈在小区有说有笑地散步，邻居走过来伸出手就要摸旺旺的脸，旺旺本能地闪躲开，并收起笑容，紧紧靠在妈妈身上。

邻居：哟，你看看，都上幼儿园了还这么胆小。

妈妈：可不是嘛，看见外人就黏我身上。

邻居：这可不行，你可是男子汉大丈夫啊。

妈妈：我看叫男子汉大豆腐还差不多。

邻居和妈妈一起大笑起来，随即又聊起了别的家常。

当接触新的环境时，孩子会通过观察父母来寻找线索和帮助，来决定怎么对待人和事。东方的语境更注重含蓄的表达方式，尤其中国社会更重视别人的感受，好面子的习惯使很多人对外人的配合度更高。我们猜想一下，当听到妈妈和邻居的聊天内容后，旺旺的内心戏是什么呢？他对自己是如何定义的呢？她又是如何看待身边这个最值得信任的人呢？作为孩子，旺旺会很困惑，这种评价时常袭来，而我既得不到保护又无法挣脱，连妈妈也这样认为，这到底是真的假的呢？我是继续保持这种社交状态还是努力去改变呢？事实是，很少有孩子会在没有大人的帮助下做出调整和改变。孩子是非常容易被标签化的。作为不成熟的个体，他们还没有形成整体性的自我意识，只能通过别人（尤其是权威和亲近的人）的反馈和评价来认识自己，所以会一直跟随成年人的标签设定，无意识地扮演标签角色。

旺旺的妈妈为了通过迎合陌生人来换取表面的和谐，她用加

内向孩子是宝藏

固外界贴在自己孩子身上的标签为代价，牺牲了孩子的人格，伤害了孩子的自尊。这种不经意的闲聊，其实会离妈妈心中理想的旺旺越来越远。旺旺会在这种强大的心理暗示中加固对自己的评价，如果面对某一个挫折明明可以不哭，但是旺旺会认为，哭一下才是自己。

童童的妈妈很巧妙地回应了陌生人的这类评价，既完成了常规意义上的社交，又给足了孩子面子。

邻居：童童这孩子有些胆小，要多多锻炼才行啊。

妈妈：嗯，她只是有点儿慢热，淘气起来也很疯狂呢（自然地搂过孩子的头，并保持微笑）。

邻居：哦，是吗？

童童的内心仿佛立刻被注入一针强心剂，不但有了力量而且明晰了：对啊，我其实也很活泼的。

勇气不会平白无故出现，需要父母的支持和配合。孩子也尚不具备与负面评价博弈的智慧，每当遇到外界恼人的声音时，父母一定要挺身而出。不管是内向的孩子还是外向的孩子，都无法承担成人世界的压力，它本身还在学习面对复杂的世界，更需要从父母身上获得力量。当孩子被评判和被比较时，父母都要义无反顾地站在身边支持他们，搂住肩，摸摸头，哪怕只是一个坚定而默契的眼神。

给孩子时间

游乐场有一种给孩子玩的蹦极设施：让孩子系上安全带，在一个蹦床上来回弹跳。我见到过最小的孩子只有两岁，被绑在上面荡起两米多高。更多的是三到五岁的孩子能轻松驾驭这个游戏。小象四岁时，我带她去尝试，在别的孩子的尖叫声中，她像一只受惊的小鹿，拉着我的手就走。五岁时，我们又出现在蹦极设施下面，她仰头观察了一阵，决定放弃。六岁时，这孩子鼓足勇气开始挑战，在我激动地拿起手机准备拍照时，她又反悔了。七岁那年，在身高突破游乐场的身高上限之前，终于自豪地被五花大绑，成功地完成了一次"蹦极"。四岁到七岁，她用了三年的时间来做一件别的孩子易如反掌的事情。在这个过程，我看到她不断地打磨自己的勇气，每次到了那个商场，她都会提出尝试，虽然无功而返，但一直拥有动力，而且勇气的火苗不熄，这已足够宝贵。更宝贵的是，在这个过程中，我从未说过她胆小，也没有因为她"不争气"而嫌弃，没有因为她"不尝试"而焦虑。甚至连"你真胆小"这样的眼神暗示都未曾流露。这么多年，作为妈妈，那份淡定，是装不出来的，当你不把这件事当作孩子成长的必要指标之一，真的接受她的慢时，你自然就不会慌。内向孩子需要的就是再多一点点的时间，在这看似比别的孩子多的那点儿时间里，她也没闲着，而是在现场观察，在头脑里预演，最后交上来的答卷往往还不错。

尊重内向孩子的节奏

很多人都会在胆小与勇敢、安静与爱动之间纠结，可是事情不是非黑即白的，关键要看父母秉持什么样的态度和信念。面对孩子的特质，父母是感到脱离了主流，充满恐惧和无力；还是淡定对待，保持尊重和相信，这是两条完全不同的教养思路。

　　旎旎的幼儿园每周有一节轮滑课，但她每次踩在轮子上双腿都软绵绵的，四周无依无靠，根本站不住，小脸紧张得煞白。老师和旎旎妈妈反映了这个情况，旎旎妈妈马上问老师可否不上轮滑课，老师说让孩子一个人留在教室玩会很孤独的，旎旎妈妈马上非常自信地说没问题。

　　对内向孩子而言，和恐惧相比，孤独实在算不上什么。对于恐惧，父母的要务是接受它的存在，而不是急着解决它，因为勇气不会一夜之间出现。在父母的不断接纳和鼓励下，孩子会逐渐达到勇气和恐惧之间的平衡，而两者的平衡就是奇迹出现的地方。两年后，旎旎参加了花样滑冰的学习，走上冰场一分钟就掌握了平衡，一节课下来就达到了入门级水平。内向孩子的节奏是通过月甚至是年来测评的，并且与其选择的技能有关。节奏是个性化的，内向孩子的慢是好事，开窍其实只需要一瞬间。尊重内向孩子的节奏，让他们按照自己的节奏去学习、玩耍和长大。教育不是赛跑，人生更不是。

　　人们都爱做不需要经过深入思考的事情，尤其是给他人"贴标签"这种看似高效率的行为。从经济学角度看，它符合"经济人"的价值取向，可以帮人们极大限度地压缩认知成本。在这个资源过剩、时间有限的时代，面对复杂的人际关系网络，人们深入了解他人的兴致、耐心和能力都在退化。对于比自己弱小的群体，随口贴上一个标签并不需要负什么责任。但作为父母，有责任去厘清事实，甄别外在的评价。标签一定是事实吗？当你说一个内向孩子胆小不爱动时，你一定想象不到舞台上那个劲舞男孩就是个内向孩子，而且也无法预料你的内向孩子会不会成为下一个乔布斯或者比尔·盖茨，他们可都是内向的人。

身为内向孩子的妈妈，我特别理解养育内向孩子所面临的恐惧与焦虑。但静下来想想，在外向世界的"诱惑"下，父母的力气是不是有点儿用过了，对于内向孩子，父母要做到：少即是多——表面上舍弃一些无谓的推动，实际得到更多成长；慢即是快——放弃揠苗助长，花会开得更惊艳。只要做法得当，内向孩子的父母就会像看一幅慢慢展开的画卷一样，看到内向孩子的优势一点点显现，与外向孩子的界限逐渐变得模糊，甚至有时都分不清孩子是内向还是外向。因为随着父母的想法改变，孩子的世界也就跟着改变了。

★ 内向孩子也叛逆

虽然孩子内心有着无限的宇宙，大人们对此却一无所知，他们总是说着同样的话。大人说上一句"又长大了"，摸摸孩子的头，就觉得是在跟孩子"对话"，或者就是在"疼爱"孩子了。但是，这些什么都算不上。孩子早已认真地观察着大人，看穿了他们的老一套。孩子的目光透彻地观看着这个世界。

——河合隼雄《孩子的宇宙》

晚上10点半，两个妈妈在发微信。

一个发：我把孩子骂了，现在她睡了。
一个回：我也把我儿子骂了，他哭着睡着的。

其中一个妈妈是我，另一个是我好友娜，我俩的孩子同岁。在孩子七岁前，我们基本没操心。在办公室闲聊时，听到的不是小强把小朋友打了，就是果果在游乐场耍赖不回家。相比之下，我俩的孩子乖巧懂事，顺从合作，从不惹篓子。有一次，娜还窃喜地告诉我："听说孩子分三种，易养型、难养型、中间型，我觉得咱孩子就是第一种。"

当两个内向娃的妈徜徉在岁月静好中时，七岁来了。一夜之间画风和剧情反转，镜头回到两个妈妈吐槽那天，就称它为"叛逆之夜"吧。

先说我家。

小象：这个组词我不会。

我：你先写会的。

小象：我就剩不会的啦！

我："连"，组词"连花"不对，组"连续"。

小象：我不会写"续"！

我：用拼音吧。

小象：我不想用拼音！

我：看看课文里组了什么词。

小象：哎呀，你听不懂话呀，我要组一个新——词！

"咣当"，我差点儿把文具盒扔她脸上。

"扑通"，小象趴桌子上就哭。

再来看豆豆家。一个七岁的男孩反穿着背心坐在床上。

豆豆：我不穿这个背心，这是妹妹的。

妈妈：是你的！

豆豆：不舒服！

妈妈：你穿反了，当然不舒服了！

豆豆：我要穿昨天那个！

妈妈继续给他找背心，未果。

妈妈：我实在找不到了，先穿这个睡觉，明天我再找吧。
豆豆：不穿！
妈妈：你赶紧睡觉！
豆豆：我就不穿，就不穿，就——不——穿！（扯着脖子大喊）

卧室里，妹妹正在睡觉，妈妈累了一天，此刻忍耐到了极限，啪！回头就给了豆豆一巴掌。

豆豆哇哇大哭，在寂静的夜晚分外嘹亮。

第二天一早，我在办公室见到娜，我俩无奈地相视一笑，想要说啥心照不宣：曾经乖宝的妈，也加入成千上万的"挠头"父母大军了。

很多内向孩子的父母做梦也没想到，我的孩子有一天也会如此难缠，他们和父母的配合度一夜之间变差。成长就像摩天轮，总会转到某个点。再好养的孩子，也不可能一乖到底。也许七岁就是内向孩子的父母逆水行舟阶段的开始吧。

在七八岁左右，正是小学生活的适应期，需要面对学习、友谊等新的课题，还要维护不断崛起的自我。他们忽然意识到自己是一个独立的人，自尊心也变得更强，为了维护自尊，就会采用和对方要求相反的态度和言行。他们如同穿着一副新装备，看看这个"自我"到底能做些什么？内向孩子的叛逆发挥的最佳场所就是家庭，因为这个场域最安全，于是情绪化、固执、粗鲁无礼，轮番上演，给内向孩子的父母带来了前所未有的挑战。谁说内向孩子蔫，做起人来一顶三啊。

如何对付这个安静的"小纵火犯"？内向孩子的父母在面对孩子的叛逆时似乎要做更多功课，要像一个身手矫捷的武者，既不能用力过猛伤到对方，又不能流于形式隔靴搔痒。那么如何与内向孩子温柔地过招呢？

如果你把思维限制在一定要"打赢"这场战斗上，那么世界上的任何教育方法都帮不上忙。

他顶嘴，我共情

这是父母和孩子之间非常常见的一个戏码，但怎么演就有学问了。

妈妈让孩子摆碗筷。孩子说："你总是让我干活。"

听到这话，90%的父母要么驳斥回去，要么给她讲一番承担责任的道理，或者来一段时代回忆："我小时候何止做家务，还要照顾弟弟妹妹……"

把妈妈的反应比作悬崖勒马。当孩子话音刚落时，妈妈及时收紧缰绳，把到嘴边的唠叨和评判咽回去，并立即问自己：她在和我顶嘴，我如果责备她，我岂不是在顶回去？顶来顶去，又被孩子抓住了把柄——你看，你是大人都这样说话。有了这份觉察，后面的事情就容易多了。

妈妈可以说："哦，看来你觉得被安排了太多事，要不咱们商量一下，如何重新分配，你会觉得公平些？"

唱反调

妈妈和孩子因为某件事争执不下，吵着吵着，妈妈来了灵感。

孩子："我讨厌你!"

妈妈："我喜欢你!"

孩子："你是个坏妈妈!"

妈妈："你是个好孩子!"

孩子："我不吃饭!"

妈妈："我想吃饭!"

孩子："臭饭!"

妈妈："香饭。"

这对母子不记得唱了多少反调，每次孩子都会由最开始的瞪眼睛生气到最后变成捂着肚子笑得前仰后合。这是一幅怎样的画面呢？在儿歌一样的轻松的节奏中"吵架"又是什么感觉呢？好像吵着吵着，只剩下爱了。孩子甚至都想不起来自己最初为什么不高兴了。

注意在唱反调的时候，语气切不可轻蔑、刺激、生硬，而是要温和、尊重、有趣。情感是一种无形又奇妙的东西，你想向对方传递的态度是要建立连接还是发起挑衅，你的神色全都表露无遗。只要你真心和孩子过这种温柔的招，孩子一定能感受到妈妈的幽默和爱。孩子长大后如果还记得这个片段，也许会发现：我的妈妈为了陪我度过这段叛逆时光，真的很努力。

权力游戏

对于孩子的成长，父母更容易接受生理成长，孩子长高、长胖会让父母很有成就感，而对于心理成长，父母则更喜欢孩子像小时候一样听话。可事实是，孩子的力量、尊严、权力也在同步生长。此时，父母要赋予他们一些可操作的权力，让他的角色不再是"被统治"的地位。家庭中有些事让孩子参与进来，譬如，购买贵重物品时可以询问孩子的想法；奶奶的七十大寿怎么过，也可以征求他的建议。让孩子感受到自己作为家庭一分子的重要性。适当放手，赋予权力，让他无处安放的力量得到合理的施展。

安静稳重的内向孩子在七八岁时迎来了叛逆期，这是一段成长与挣扎交织的时光，也是自然法则。这只是孩子人生中的一个阶段，短时期的叛逆并不代表成年后飞扬跋扈，更与人格无关。有的父母在暴怒之下逞一时口舌之快，什么"一事无成、无可救药、大逆不道"这种话脱口而出。孩子这么小就被放在道德制高点，成年人尚且高处不胜寒，何况是一个天性内向都孩子呢？

叛逆对内向孩子而言未尝不是一件好事，因为叛逆心理也包含着积极的品质，比如勇敢、自我意识强大、敢于尝试，敢于发声、挑战自我等。在父母的帮助和引导下，内向孩子的叛逆期一定会顺利地度过。过不了多久，还会变成那个充满哲学意味的孩子，只不过多了一丝英气。

内向孩子，你值得叛逆！

★ 内向孩子的玻璃心有时需要扎一扎

轻推，是用力过猛和逃避问题之外的新选择。找到孩子需要被轻推的一个方面，每一步都陪他一起走，放慢脚步，就好像你们拥有一生的时光来做这件事情。

——劳伦斯·科恩《游戏力养育》

菲菲八岁，特别感性。每当读到书中的感人情节，听到悲伤的音乐，都会令她动容。在她四岁的时候，听到国歌就泪流满面，妈妈问她怎么了，她哽咽着说："我太感动了。"当时，家人笑作一团，觉得她认真感动的样子特别可爱。孩子的心智和成熟度要比成年人低得多，他们会更多依靠感受和这个世界打交道。菲菲这样的内向孩子情感更丰富，经常对别人的境遇感同身受，尤其是对诸如生命、离别等话题更加敏感，一双眼睛像蓄水池，动不动就热泪盈眶。

对生命保持敬畏，能够被生活中美好的事物所感染，这也是一个人必不可少的优秀品质，但是过犹不及，随着孩子逐渐长大，他们对这个世界的认识会更全面，需要明白哪些事情是不能改变的，哪些是必须接受的；否则，他们在社会化的进程中将很难面对这个光怪陆离的世界。作为孩子的父母，有责任帮助他们把情感肌肉锻炼得更加结实，在他们心灵的净土上开辟出一块耐寒带。

菲菲快九岁了，是时候拯救一下她的"玻璃心"了。只是菲菲的妈妈还有些于心不忍，时不时还在充当保护玻璃心的帮凶，用菲菲爸爸的话说就是：只图一时的安慰，造就软弱的未来。

今年一入夏，菲菲和小朋友相约去抓蝌蚪。现在的孩子已不同于三十年前了，曾经掏鸟蛋、捕蜻蜓对我们来说是童年游戏中的家常饭，而对于现在的孩子却是饕餮大餐。菲菲拿着小桶和渔网捞了很多蝌蚪，大半桶黑压压的蝌蚪在桶里拥挤地游着，这让菲菲大有成就感。妈妈让菲菲把它们放回池塘，但菲菲想带回家给爸爸看看，然后再把它们放生到离家不远的河中。

第二天一早醒来，菲菲第一件事就是去看蝌蚪，发现蝌蚪们都沉在桶底，她轻轻地晃动了一下小桶，密密麻麻的蝌蚪又快速地游起来。菲菲如释重负地舒了一口气，兴奋地说："它们还活着，我们今天去放生蝌蚪吧！"

爸爸说："咱家附近的那条河好像不行。"

菲菲立刻紧张起来："为什么不行？蝌蚪会死吗？"

妈妈急忙说："不会不会，它们会回到河流的怀抱，快乐地去找妈妈。"

爸爸不动声色地坐下来，用很平静的语气对菲菲说："具有顽强生命力的蝌蚪会活下来，而一些无法战胜环境的蝌蚪会死掉，这是自然界的优胜劣汰法则，也叫适者生存。这就是为什么青蛙会生那么多蝌蚪的原因。"

菲菲的神情顿时黯淡下来，但令妈妈意外的是，菲菲这次没有哭，而是继续追问爸爸："蝌蚪们会怎样死掉呢？"

爸爸说："有可能被鱼吃掉，特别小的蝌蚪有可能身体不适应这片水域而死掉，在生命早期，很多生物免疫力都很低，和小孩子爱生病是一个道理。"

菲菲脸上的表情非常复杂，既有不舍又若有所思，爸爸赶紧补了一句："不过呀，经过大自然的筛选后，生命力顽强的小蝌蚪就会变成健康的大青蛙！呱——呱！"听到这里，菲菲笑了，接受了蝌蚪可能会死的事实。

这让菲菲的妈妈很震惊。半年前，菲菲养的乌龟死了，她还哭得死去活来。今天早晨的这一幕，爸爸看似不经意的几句话既给菲菲上了一堂科普课，又不失温柔地告诉了菲菲事实的真相，在治愈玻璃心的路上迈出了成功的一步。

感性的孩子需要理性的支撑，父母自己要先做到理性。父母在孩子心中是无所不能的，但是如果在面对挫折和困难时，妈妈比孩子更难过，那又如何成为孩子的靠山呢？让孩子如何相信我们呢？难道我们费尽苦心在默默地训练着孩子不去接受生活中出现的变化吗？事实是：生活充满变化，不如意事十之八九，父母不可能时时刻刻为孩子遮风挡雨，次次为他们的失望买单。有时仅仅理解是不够的，父母可以在他们可承受的范围内温和地推进事情的真相，适当地"残忍"一些，相信只要拥有父母的陪伴和支持，孩子很快可以从失望中恢复。

孩子进入小学后，圈子变大，那份脆弱的情感确实会坚强一些，不过类似的失望和挫折一定还会发生，比如，钢琴比赛失利，和小伙伴发生冲突，失去心爱的宠物，等等。孩子的伤心、痛苦和失望真切存在，如果父母只是怜悯或者去救援，其实帮不了他们，没有人可以让孩子离开这些所谓的不顺利或者不幸，因为这是生活的组成部分啊。不要试图通过补偿来稀释孩子的负面感受，也不要转移注意力试图回避，而应该直面感受，在孩子能接受的程度下，婉转地告知，让他的情感变得坚韧起来。

我们不能保护孩子一辈子，成年人世界需要勇气和坚强来应对生活的打击，而这些不是长大后扔到社会里这份心理素质就能自动建立起来的。菲菲在父母的帮助下，那个见花落泪、对月伤悲的孩子正在逐渐变得坚强，爸爸妈妈拿出更多的时间带她旅游，给她讲人文历史和名人典故，爸爸甚至还想让菲菲参加跆拳道训练，亲自感受生命硬朗和野性的一面，而不是常常沉浸在公主和城堡的梦幻世界中。

在治愈像菲菲这样的孩子的玻璃心的过程中，父母在对自己孩子了解的基础上，对他们吹弹可破的玻璃心，尝试用手中纤细柔软的长针去触碰，只要这个伤痛她可以承受，父母就大胆地放手去扎一扎。让孩子知道：我理解你的感受，我明白这对你来说很不容易，我会帮你一起度过！相信只要父母坚持，就一定会让内向的孩子既拥有包容有爱的品德，也具备乐观积极的心态和坚强自信的意志。

⭐ 帮助内向孩子感受"发言的美"

> 找到一个人的真性情，把他和别人区分开来，这就意味着你已经了解了他。
>
> ——赫尔曼·黑塞，德国作家，诺贝尔文学奖获得者

小美读小学二年级。她的班级每个月都会评比最佳学生，这个奖项颁给学习好、课堂参与积极的学生。有一天放学后，小美用哀怨的眼神看着妈妈，说获奖的都是上课爱举手的孩子。显然，小美不爱举手，又心有不甘。小美的座位在前排，和老师互动可谓近水楼台，但是她只是安静地听讲。别的孩子不管有没有机会都会积极发言，而小美认为，他们在发言之前可能都没有想好要说什么，好像只是想要表现而已。尽管她上课没举手，但她认真听讲，充分消化了课堂内容，作业质量很高，写出的作文也能颇有见地。老师们很喜欢她，鼓励她多发言。分角色朗读课文时，老师也会经常叫她，但是出于角色扮演的效果考虑，她经常分不到戏剧感强的角色，总是读旁白，而且有时候只有一句话。

一个内向学生也许没怎么说话，但其投入程度可能与经常发言的外向学生一样高。小美虽然不喜欢成为焦点，但依然希望得到关注。一晃已经小学三年级了，小美还没找到突破口。

逼着小美作出改变的是一个更大的刺激。父母之所以为她选择这所学校，就是希望内向的小美能在这所重视素质教育的学校里得到个性上的发挥。三年级一开学，老师告诉小美，课堂参与也是期末总评的一部分，学习成绩再好，也不能得A。所以摆在小美面前的有两条路：要么举手，要么得B。内向孩子的完美主义情怀不允许她得B，于是小美焦虑了。

小美妈妈也是个内向者，但她现在是一名出色的银行高管，她深知小美需要理解和帮助。有时不能突破自己的原因是"看不见"某一种好，就好比想当然地认为某个菜不好吃，其实下结论时连尝都没尝过。小美妈妈决定，要帮助她感受到——发言的美。

小美妈妈先告诉小美，作为成年人，当众发言也会紧张，但是紧张是个好东西，因为它是为成功做准备的。小美妈妈和她仔细分析了紧张模式。

问题1：在什么情况下紧张？

小美：需要单独发言时。

问题2：为什么会紧张？

小美：（1）怕说错；（2）还没想好；（3）不想成为焦点。

问题3：紧张模式一般会持续多久？

小美：老师如果在讲课开始前提问，我就紧张得要死，不敢和老师对视。但如果老师讲课进行到一半时提问，我就不那么紧张了，因为前面已经有同学发过言了，我有机会思考和准备，说不定还可以拓展前面同学的观点或者表达不同意见。

问题4：你讨厌发言吗？

小美：不讨厌。

　　分析完小美的紧张模式后，妈妈心中冒出来一个灵感，在她参加学习的正面管教家长课上，有个工具叫作"家庭会议"，这是个充分体现民主尊重的教育方法，既能加强亲子间的连接，又能促进家庭和谐，最重要的是，每个人都有发言的机会。

　　一个周末的下午，爸爸妈妈和小美开始了首期家庭会议。小美甚至有些激动，她自动认领了"秘书"一职。这个职务她很熟悉，在班级的小组讨论中，做记录的人非她莫属。不同的是，家庭会议中的"秘书"同样需要发言。

家庭会议的第一个环节— 致谢

　　妈妈：我要感谢爸爸帮我把车加满了油，我要感谢小美提醒我带雨伞。

　　爸爸：我要感谢妈妈买了一瓶我最爱的辣酱，我要感谢小美帮我捶背，虽然有点儿像挠痒痒。

　　全家大笑。

　　轮到小美说了，她被这种轻松有趣的氛围吸引了，也很快就掌握了这个环节的规则，但是她说自己还需要再想一会儿。十多秒后，小美兴奋地说（这种兴奋只有在家里会表现出来）："我要感谢爸爸暑假带我出去玩，感谢妈妈给我买了裙子。"

　　爸爸：不对呀，暑假还没到呢，你的感谢有点儿早吧？

　　妈妈马上给爸爸一个眼神，并且接过话茬说："小美的意思是感谢爸爸在即将到来的暑假答应带她去玩。"

爸爸会意了，并且配合地点着头。

家庭会议的第二个环节——头脑风暴

讨论暑假计划。有了第一个环节打造的和谐气氛，小美在这个环节滔滔不绝。作为主持人的妈妈不得不打断她，示意她留点儿时间给爸爸妈妈发言。当然，小美也很出色地完成了秘书职务，她记了满满一页纸。

家庭会议的第三个环节——娱乐

妈妈拿出了事先准备的小点心宣布会议结束。小美意犹未尽，说第三个环节就不继续讨论什么了吗？妈妈告诉她，每次只讨论一个主题，以后全家会经常召开家庭会议。

在接下来的一个月里，小美家又召开了两次家庭会议，一次比一次成功，每个人都担任了不同的角色，而且还扩大了会议的排场，开会时摆了一圈毛绒玩具在，小美把自己的想法在"众人"面前说出来，她真的很开心。

关于课堂发言这件事，现在再聊起来似乎没那么沉重了。妈妈和小美约法三章：

（1）安静不等于沉默。如果对某个问题的答案胸有成竹，就一定要举手。即使老师不叫你，把手举起来本身就是一种勇气！

（2）放弃完美主义。并非完美的回答才能受到关注。完美是一把双刃剑，既能助你高质量地完成工作，也会让你裹足不前。

（3）发言前打腹稿。必要时记下梗概，也可以先发制人，因为一旦先于别人说完了，你就会感到很轻松。

小美妈妈暗中观察着，发现在家里这种袖珍且具有仪式感的发言，让小美尝到了甜头，但是也有些许担心，因为教室内的环境毕竟不是自家客厅，她也许鼓足了勇气后还会遭遇忽视，如果老师能跟着打配合就好了。小美的妈妈和老师进行了沟通，得到了老师的大力支持。

有一天在课堂上，当老师提出一个问题时，小美深吸了一口气，做了一件反常的事，她举手了！内向孩子举手发言时，通常有重要的话要说，因为他们是经过深思熟虑的。那天，老师不但叫小美回答了问题，而且还引用了小美的话，这让小美在教室里颇有存在感。

内向孩子更加珍视提出问题到回答问题中间那段思考时间，所以小美的发言除了声音有些小，每次都堪称完美。逐渐地，小美的发言越来越受到重视，一个月后，她也得到了"最佳学生"的称号。

小美的故事给我的教学也带来了启发。不发言不代表这个学生不专注。我改变了自己的讲课方式，先抛出讨论话题，再让大家把相关想法写下来，写好之后，学生们再花几分钟交换阅读，也可以给对方点评。这时，课堂讨论才真正开始。学生们既梳理了自己的思路，也看到了别人的思考成果，这样一来，讨论就是经过准备的，无论在逻辑还是措辞上，都会更加成熟。书写、阅读、思考、点评、讨论，这个过程丰富了内向孩子的内心世界，我并没有勉强任何人发言，但内向孩子通常会举起手来并且有不俗的表现。

说到底，每个人都有自己的过程和速度，这世间不存在真正的短板与缺陷，如果一个内向孩子小时候就能遇到懂他的父母和老师，即便没有丰富的物质生活，他也能成为世界上最幸运的孩子。

⭐ 尊重内向孩子的节奏，暂停是为更好地出发

父母最重要的职责是帮助孩子喜欢上他（她）自己。

——阿黛尔·法伯，伊莱恩·玛兹丽施《解放父母，解放孩子》

紫萱是个胖嘟嘟的小女孩，六岁开始学习芭蕾。有一天，从舞蹈班放学回来，紫萱却闷闷不乐，晚饭时，紫萱推开妈妈递过来的饭碗说："我今天不吃饭了。"妈妈以为她在开玩笑，笑着说："那样我们的紫萱就会瘦成小猴子啦。"没想到紫萱哇的一声哭了起来："我就是要变成猴子，我不要吃饭！"全家人都慌张得不知所措。紫萱边哭边说："我太胖了，我永远都跳不好，呜呜呜……"

爸爸故意很严肃地说："谁说我家紫萱胖？一点儿也不胖。"

妈妈说："你跳得特别好，我小时候都不会跳舞呢！"

但是，紫萱没有理睬这毫无诚意的恭维，而这些安慰也并没有让紫萱回归正常的状态，她整顿饭的时间都不开心。

晚饭后，紫萱妈妈给老师打电话了解情况。原来紫萱的舞蹈班要学习更复杂的舞蹈动作，紫萱的体重比同龄孩子重，在练习单脚跳和原地打转时，紫萱常常失去平衡，跌倒在地上。由于紫萱是个内向的孩子，有完美主义倾向，她觉得新动作太难了，如果跳不好会很没面子，而导致自己跳不好的罪魁祸首就是胖胖的身材。

妈妈非常心疼紫萱，以至于她搬出了世界上最有道理的话，全

部讲给年仅六岁的女儿听：

"你跳得和大家一样好，只是你自己感觉不好。"

"不要在意别人的眼光。"

"你那么认真地学，长大后一定能成为世界上最棒的舞蹈家。"

内向的孩子似乎天生自带悲观主义倾向，他们很容易用"永远""总是""一点儿也不"这样的一刀切信念砸向自己，父母的口头鼓励在他们面前显得脆弱又苍白无力。紫萱的决定依然是：要么不吃饭，要么不学习舞蹈。这两个决定，妈妈都接受不了。

实际上，紫萱的妈妈在这个过程中犯了三个错误。

第一个，妈妈说的话并不真实。紫萱虽然只有六岁，但她清楚地知道自己和别的女孩在外形上的差别，无论自己如何努力，她也无法展现出她们那种亭亭玉立的姿态。妈妈应该说实话，身材的不同确实会导致舞姿的不同，但并不会对舞者造成限制。

第二个，为了让紫萱尽快走出自卑，妈妈替她树立了生硬的自信，比如"不要在意别人的眼光"这样的话对于六岁的孩子是丝毫起不了作用的，他们还尚未形成坚定的自我，对自身的定位就是在同他人的比较中逐渐建立的。

第三个，妈妈替她承诺了很多缥缈的理想。成为舞蹈家这是一件遥远的事情，作为儿时的梦想固然有很大的价值，但是作为对眼前状况的激励，还是树立一个短期目标更现实。

紫萱的妈妈向我求助。虽然每个孩子的经历不能完全相同，但直觉告诉我，这件事没有那么难。我给她讲了小象学舞蹈的例子。

小象五岁半学习拉丁舞，她不胖，但有点儿"笨"。先天的体能和协调性都在同龄孩子之下，拉丁舞所需要的速度和力度对小象来说，更是不及格。在学了三节课之后，老师就叹气摇头："这孩子太慢了，别人的手臂都放下了，她才抬起来。"不管老师的口令是快是慢，小象总是无法做到和大家同步，要么跟着老师一顿瞎比画，要么就是比画几下之后站在原地不动。逃避是内向孩子自我保护最直接的方式，这样他们就能免于遭受痛苦。孩子是用非黑即白的观点来看世界的，要么做好，要么放弃。所以当我鼓励她跟着老师慢慢学就一定能学会的时候，果然，小象说自己一辈子都跳不好了。鼓励的话，不打草稿我能说三页稿纸，但这个时候，你把她捧上天又有什么用呢？

内向孩子并不喜欢群体的授课或者选拔活动，因为他们并不愿意成为焦点，也就很容易被忽视或落选。而当一对一学习时，既有助于他们增强技能，也容易建立自信。站在舞蹈教室外面的我，做出了一个决定——暂停现有课程，给她"吃份小灶"。我和老师约了时间，单独给小象补十节课，仔细分解每一个动作，回家再让她对照视频再坚持每天练舞二十分钟。一对一的学习既是夯实技能的过程，也是和老师建立连接的机会。大概在第五节课时，小象的状态开始渐入佳境，老师和她都很兴奋。价格不菲的十节私教课上完后，进步是显著的，小象带着无声的自信回到教室，跳出了及格水平，进入了"和大家一样"的队伍。

我从不否认鼓励的作用，但更有用的是用事实来说话。当她凭借自己的努力，呈现了一套标准的舞步，她是快乐的。那是一种来自心底的喜悦之声，这就是内驱力。说到底，和语言的鼓励比起来，还是让孩子拥有实实在在的能力更实在。

　　和紫萱妈妈分享这段经历时，小象已经学习拉丁舞四年了。自那之后，再也没有单独上过私教课，对于小象来说，最难的部分似乎不是学了几年之后的瓶颈期，而是最初学习的入门期，好像处于抛物线那段向上爬的坡，我想尽办法推她越了过去，她战胜了"万事开头难"的部分，后面就平稳了。

　　内向孩子很容易放弃，但这个放弃会不会成真，父母起到的作用很大。当孩子先用口头的放弃来试探时，父母的职责是告诉他们：失败是暂时的，而且是局部的。"我永远都跳不好"和"我只是目前还不熟练"，这完全是两种不同的心态。内向孩子会慢慢发现，坚持会使他成功，积极乐观的心态也会使他成功。

　　在赏识教育元素中，语言只占一部分，随着逐渐长大，内向孩子对事实的判断力，对情感的感受力都更加敏锐，他们不再单纯，好哄骗，也不会很快将不愉快忘掉。从紫萱和小象这两个孩子的例子可以看出，他们很快就得出了"我不够好"的结论。我们的目标是教导他们不要总是埋怨自己，而是如何正确地看待自己，发现问题，负起责任并改进，无论是否有进步，自己都是一个有价值的人。

　　写到这里，我不禁又想起来一个妈妈，她遇到的状况和紫萱、小象差不多，她的解决方案是：那就算了吧，孩子不适合（某项运动/技能）。如果在了解情况后，你认为放弃是有理由的，也未尝不可，但是若把放弃归罪于自身能力，则有些欠妥。没有推动，没有尝试，而仅凭一句简单的"不适合"就直接带孩子绕过了挫折。当父母对孩子说出"你似乎不擅长"这样的话时，孩子会将这种信息内化为"我不行"，孩子会认为，我的挫败就此定格。这也暗示着家长的悲观，他们对孩子所作出的解释也是悲观的。相反，我们要给她足够的时间，告诉他们，那的确需要锻炼和适应。在内向孩子的某项技能学习上，当因为他的慢或者其他特质导致他卡在某个点时，也许我们需要一个特殊的开始。至于结果如何，拭目以待。

由于客观情形的原因，紫萱的妈妈并没有像我一样带孩子去上私教课，而是把家里的沙发推到了角落里，安装了一个练舞蹈的把杆，于是客厅变成了紫萱一个人的舞蹈室。每天，妈妈都陪她一起练习。后来的事情很圆满，紫萱继续学习芭蕾，她的身材还是胖嘟嘟的，但她长高了，而且还参加了演出，即使演出服穿上有些紧，但紫萱因为自己的努力没有掉队，她好像把身材的事忘了，或者不那么在意了。

第 6 章
chapter 6

三要三不法则，收获
自信的内向孩子

在内向孩子的养育路上有个很有趣的误区：父母一边为"楚楚可怜"的内向孩子提供种种保护，一边艳羡外向孩子的阳光和自信。其实，内向和自信并不排斥。自信对内向孩子来说，其实是水到渠成的事情，但对内向孩子的父母来说，似乎是个一出生就存在的难题。说到底，还是因为没有方向导致没有方法。也许，他们要付出的时间和努力更多，但同时也能开启一段了解内向孩子的奇妙旅程。只要你接受他们本来的样子，用爱滋养他们的天性，他们就能绽放最美丽的自己。

⭐ 要让聚光灯照进你的世界

夸奖孩子"好"并没错，但仅仅是夸他"好"还不够。

——阿黛尔·法伯，伊莱恩·玛兹丽施《解放父母，解放孩子》

学生会主席、演讲冠军、啦啦队长、演员和歌手等角色貌似不适合内向孩子，但这并不意味着他们就要和舞台绝缘。

我人生中第一次舞台经历是在小学三年级。我代表班级去参加"纪念鸦片战争"的主题演讲。确切地说那不是舞台，没有音乐和灯光，就是在一个会议室里，面对学校的几个领导和老师。即便稿子已经背得滚瓜烂熟，但我当时还是紧张得要死，座席上的领导看起来也不那么友好，有的斜着眼睛看你，有的在本子上急匆匆地写着什么。我不知道应该看谁，也忘记了做事先准备好的肢体语言（现在想来不做也罢，无外乎是张开双臂，摇头晃脑之类），更是把前一天我爸纠正的字音再次读错，把"烟贩子"读成了"烟板子"。演讲结束时，我像个僵尸一样回到座位，就舞台经验而言，那真不是一个良好的开始。父母忙工作，也无暇问及我首次"抛头露面"的感受，幸运的是，我的班主任在比赛结束后对我说："我之所以选了你，是因为你吐字清晰，你不需要模仿别人，没有经验的孩子更容易被塑造。"我这副打得稀烂的牌仿佛有种起死回生的感觉。而且自打那次开始，我的表现欲就被激活了，内心总是期待还能有这样的机会。

内向的个性特质即便受到强大的基因遗传的牵制，性格和态度也并非一生一成不变。假以时日，他们仍有很大的可塑性和发展空间。长大后，我的职业是教师，小时候那个经常在人前讲话满脸窘迫的孩子长大后竟然胜任了一份需要天天讲话的工作。后来我发现，在课堂上其实有很多内向的学生；再后来，我又生了一个内向的孩子。我很感恩上天给了我这么多机缘，让我一边养育孩子一边学习，一边观察一边自省。我突然意识到：对内向孩子只是认可和欣赏还远远不够，还要给他们必要的指引和建议。

小洋的妈妈热衷于带孩子参加各种活动和比赛，当被问及孩子是否怯场时，她大笑道："害怕？不存在的。"可对于同样八岁的男孩小凯来说，一想到在众人面前讲话就会令他害怕。去参加钢琴比赛，看到满场的小选手，知道妈妈要离开时，小凯会立刻忐忑不安。其实，内向者并不抗拒舞台，站在舞台上的感觉对每个人来说都不一样。有些内向者并不害羞，也确实能够享受聚光灯下的时刻。如果某个内向的孩子抗拒舞台，我们猜测，眼下的困难可能是他们正处于舒适区，家长和老师长时间在向他们传递一种暗示：你不适合上台。这对内向的孩子来说真是蛮可惜，有时候家长也在以内向为借口回避新事物，间接地充当了孩子"不勇敢"的帮手。《内向性格的竞争力》这本书的作者苏珊·凯恩提到过的"橡皮筋理论"，意思就是往外向那边拉抻一小步，大多数内向的人就能突破自己。只是，内向的孩子，需要一些帮助。

让我们走进小凯的家。小凯的妈妈是一名医生，工作特别忙，平时陪伴小凯最多的人是爸爸。男性特有的幽默感和出其不意的创意，帮助小凯渐渐突破了舒适区。

毛公仔观众的神奇效果

从这学期开始，老师要求每个人要在早晨做一个三分钟的daily speech（每日演讲）。爸爸拿出10个毛绒玩具摆在房间的四周。他解释说：这些玩具代表班上的同学。小凯咯咯地笑了起来，立刻对着这些玩具乱说一气。（注意有些内向孩子在家是非常能耍宝的）爸爸故意板着脸说这是很严肃的事情，让他重新认真地讲一遍，而且这次要和玩具进行眼神交流。爸爸的用意是希望真正演讲时小凯能够环视四周。爸爸自己也坐到了一群毛绒玩具中间，对小凯说："如果有人打哈欠、做鬼脸或者看别处，那你就继续寻找更认真听讲的观众，如果捕捉到一个观众对你的演讲很感兴趣，就可以多看他一会儿。"小凯讲到一分钟时，爸爸就开始故意打哈欠，小凯就把目光投向了角落里的那只熊。

爸爸和小凯在假扮的观众面前不知不觉演练了1小时，又花了10分钟专门练习微笑。爸爸告诉他，微笑是最简单也最重要的事情，无论你多么紧张不安，开始前请对观众微笑，提醒自己讲话时微笑，结束时微笑，这也许也会让同学们对你微笑。几天后小凯在班上发表了一次精彩的演讲，一次失误都没有。

提前准备做得越充分，在观众面前就越自信，这是鼓励内向孩子登台放松的不二法宝。熟练能让孩子自信，如果有必要，写下逐字稿，它会让人感到更安全。事先了解环境，对内向孩子也有很大的帮助。每次小象参加钢琴比赛，我都要提前一个小时到达场地，帮她换好服装，然后留一些空余时间，小象就可以在活动场地溜达，即使无聊也要好过慌慌张张。成功不是与生俱来的，是因为有所准备。作为内向孩子，不得不，也必须这样做。

如果孩子不喜欢被关注，那也没关系，允许他按照自己的节奏前进。内向性格并不会阻碍他们在别人面前展现自我，对有些内向孩子而言，关注和掌声也会令他们兴奋，只是他们的情绪不会轻易外露。我有时候也好奇，我自己的女儿，即便内心感到无比开心激动，小小年纪是如何做到不喜形于色呢？人的大脑中有一种内在的奖赏回路，好事发生时，大脑会通过这一回路反复传送多巴胺，以增强大脑的兴奋度，同样是获胜，内向者大脑中的奖赏区域活跃度较低，因此就会更冷静。

聚光灯，真的不是外向者的专利。事实上，很多伟大的表演家都是内向者。如迈克尔·杰克逊可以面对几十万观众表演月球漫步，其余时间他则喜欢在家待着。如中国的周星驰、美国的碧昂斯，从表面看，他们都是极具自信的天才表演家，但他们都曾经在采访中表示，实际上自己很害羞，太多的关注让他们不安。

聚光灯会给一个人带来成长与自信，当然，任何人都有权利拥有聚光灯下的时光，对于内向孩子，父母需要伸出援手，拉近孩子与机会的距离，并适当地推他们一下，伴随着百分之百的接纳、理解和包容，这个内向孩子就可以成为聚光灯下最靓的仔。

★ 要学会恰如其分的鼓励，让孩子收获自信和安全感

过去我们总是以为，父母应该决定哪些东西对孩子最有好处。现在我们知道，每次我们允许孩子自己经历复杂抉择过程时，我们就给了他一次无价的经验——对现在，也对将来孩子的独立而言。

——阿黛尔·法伯，伊莱恩·玛兹丽施《解放父母，解放孩子》

夜深人静，我选了一张抓拍得特别好的照片，百感交集地按下了发送键，一张小象在海上驾驶摩托艇的照片瞬间在朋友圈亮相了。仅仅十几分钟，收获点赞无数。大家都说小象好勇敢。我又情不自禁地在屏幕上放大了那张照片，仔细地看着孩子脸上每一寸表情，那么真实，那么满足。还有一种只有亲妈才能看得到读得懂的状态：对，是自信！

让我们重温一下下午在海边发生的事。

九岁的小象和爸爸妈妈及朋友去一个海滨城市旅游。海面时不时飞驰而过的摩托艇不断地刺激着同行的两个12岁的哥哥，就连爸爸们都想尝试一下。逐个询问下来，得到的答复是：两个哥哥都玩，爸爸也玩，小象不玩。三个孩子做决定都只用了一秒，但小象的"决定"却掺杂了很多杂质。纠结、着急、羡慕、跃跃欲试，多种内心戏一齐上演。

第一个哥哥坐上了摩托艇,教练在背后紧紧护住他的身体,在大家的欢呼声中从我们面前呼啸而过,船体卷起层层海浪,酷极了。在等待他们回来期间,大家对小象的"鼓励"从未间断。

"不用害怕,很安全的,你难道不想像哥哥们一样吗?"

"有教练保护,不会有危险的。"

"你看那么多人玩,你难道不想尝试一下吗?"

内向的孩子有时嘴巴很硬。果然,小象不但不接受,而且变得愤怒。"我说过了我不玩!"小象忽然大声地来了这么一句,把正在鼓励她的阿姨吓了一跳。养育外向儿童的家长很少会知道内向孩子的心理:你越说别害怕,就越是在逼他。此刻,一堆无比恐惧的想象正塞在小象的脑子里,在一些外向孩子眼中很简单的事情,对小象这类孩子却是多么艰难。

这一切我都看在眼里,她眼中噙满泪水,还忍着不让眼泪掉出来。小象独自一个人贴着码头的墙壁站着,眼睛却一刻也没有离开海面上已经变成小黑点的摩托艇。她既像一个落寞的行人,又像一个暗藏心劲的受伤的小鹿。作为妈妈,我的直觉是:她需要帮助。不过"让她一个人静静地待着"也许是此刻对她最有利的帮助,所以我有几次欲言又止,我在等待一个更好的时机。

爸爸乘坐的摩托艇即将返回了,也就是说,小象仅剩最后一分钟的考虑时间,如果她不玩,我们所有人将返回酒店。我靠近她,摸着她的脑袋说:"我知道你害怕,但又想去体验,如果现在改变主意还来得及,你需要妈妈陪着你过去吗?"

小象问:"如果今天不玩,明天还能玩了吗?"

这是个非常重要的暗示——我想玩!

我实话实说："不能，明天我们就离开这里了。"

这时，教练站在海边喊着："还有人要玩吗？没有就收啦！"

我拉起小象的手："走！咱们试试去，加油！"

"好！"这个在心中不知预演了多少遍恐怖片的孩子，在最后关头竟然没有一丝犹豫，大义凛然地坐上了摩托艇，还冲我们摆了摆手。我激动地拿出手机，拍下了一组来之不易的照片。

有句俗话叫"喝一壶"，乍听起来像是喝酒或喝茶，其实真正的意思是"够呛"。当一个人面对很难应付的事情时，用"喝一壶"来说明这件事的难缠。如果你恰好有一个这样的孩子，不了解其天性而硬来的话，那就真要多喝几壶了。比如在新事物面前，内向孩子需要的准备时间比外向孩子要多很多，这对他们的父母来说特别难熬，也会令父母感到深深的挫败，往往没等孩子失控，父母先受不了了。

"快去，有什么好怕的？！"这是最适得其反的一种方式，不是鼓励，是施加压力。

"你要是不敢玩，就别玩了。"这是在鼓励内向孩子放弃和逃避。

我们这代人小时候普遍缺乏鼓励，于是容易不加区分地把大把的鼓励用在孩子身上。事实证明，鼓励并非万能。很多时候，用在外向孩子身上的一句简单的"加油"就足以成为一支兴奋剂；而对偏内向孩子，面对他自己所认为的险境时，所谓"要勇敢"和"你真棒"这样的鼓励对他们是噪声和负担，只要他没准备好，喊一百句"加油"都苍白无力。这需要有非常了解他们的父母，针对具体的情况，耐心地观察，恰如其分地鼓励，真可谓是量身定制。

以前，我把"接纳"奉为教育箴言。如果不想参加比赛，就不报名；孩子四岁上兴趣班时，只有我一个家长厚着脸皮坐在教室里一陪就是一年。总之，在接纳这个部分，我给自己打满分。随着小象逐渐长大，我忽然意识到，有时候接纳过后，孩子并不轻松，随之而来的是懊恼和不甘。我意识到某些接纳实际是披着逃避的外衣。它带来两个严重的弊端，一是错失生活中很多精彩；二可能让孩子更加脆弱。因为自信的建立需要的途径只有一条道路，那就是历练。害怕是事实，但并不意味着止步不前，哪怕向前迈一小步，也是成长和进步啊。

小象当时的情况是既没有把头埋在妈妈怀里，也没有情绪失控般大喊着"我不要玩，我要回去！"这说明两个问题：第一，她没有怕到"令人发指"的程度；第二，她对新事物有着强烈的渴望。内向孩子对这个世界充满好奇亦有强烈目标感，每一个体验过的新事物都会输送到他们的知识库，在那里沉淀，最终变成力量和勇气。他们的问题在于，经常卡在"进还是退"这个临界点。恐惧和不甘交织在一起，如果没有大人的理解和支持，对于一个没有足够的智慧和勇气的孩子，不亚于徒手攀爬光秃秃的墙壁，必输无疑。

内向孩子与外向孩子最大的不同是，为了让他们摆脱焦虑和恐惧，我们需要帮他们在"害怕"的状态里停留一会儿，而不是急于揪他们出来。至于鼓励，应秉承"少就是多"的原则，过多的劝导并没有太大作用。内向孩子也许只需要两个信息：一是被共情，二是被告知安全。剩下的交给时间，然后在一个恰当的时机温柔地推他一把。

　　内向孩子大部分时候，享受自己的安静，可是在避免风险的同时，也失去了快乐和体验新鲜事物的机会。因为当他们把害怕的感受扔掉了，也把那个让你好奇的东西扔掉了，这就是我在小象眼中捕捉到的不快乐的成分之一。

　　我想起《游戏力》的作者科恩博士说过一句话："我们逃避的，并不是真正的危险，而是'有危险'的感觉。不管什么感受，发生了就是发生了，跨越它而非被感受控制的唯一途径就是——面对它。"面对真实的感受有时很不舒服，但以父母对孩子的了解，适当地帮助他们评估当下的感受是否难受到让人无法承受。孩子只要可以与父母有眼神交流，只要能感受到来自父母的精神支持，只要可以随时随地拉住父母的手，就足够了。所以父母一定要在背后，默默地给他支持。

　　我们可以把孩子的发展比喻为跷跷板，各种压力造成的负面体验堆积在跷跷板的一端，如何才能帮助跷跷板不倒向负面的一端呢？我们可以在另一端增加正向体验。有助于增加正向体验的方式包括：给予孩子支持性的亲子关系，帮助孩子获得锻炼能力的机会。对内向孩子来说，在父母的陪伴下，像荡秋千一样，张弛有度地离那份恐惧越来越近，观察它并感受它，最后战胜它。无论何时，发生何事，和你的内向孩子保持这样的连接，就能有效地保障他们的安全感，使他们既消解了负面感受，又获得了自信。

★ 要刻意练习，为孩子的成功奠定基础

> 通过日常练习，儿童充满了自信，但这并不意味着他已经变得完美了，而只是意味着他感觉到了自己的能力，而且跃跃欲试。
>
> ——蒙台梭利

盼盼妈妈是个旱鸭子，上大学时学了几次游泳都没学会，确切地说她压根没有学习过，哪怕是世界冠军亲自教她，她也是两手死死抓住把杆，直到游泳馆闭馆，头发丝都还是干的。对水的天生惧怕，让她错失了很多精彩的生活。盼盼妈暗下决定：绝不能让孩子像我这般无能。于是，盼盼读小学一年级时，就被妈妈送去学游泳了。盼盼是个偏内向的孩子，而且体能和身体协调性都一般，对水的恐惧和妈妈相比有过之而无不及，但盼盼妈妈坚信，应该给孩子充分的时间和耐心，就算学不会，人生也没有白走的路，每一步都算数。

基于对盼盼的了解，妈妈设计了"自信阶梯学习法"。

第一步：To Do（去做）。从前期试课到真正开始学习，别的孩子用了一个小时，盼盼用了三天。妈妈调侃说，好饭不怕晚，其实为的是让盼盼和水建立感情。

第二步：I Can（我能行）。大半个暑假里，盼盼妈妈每天顶着烈

日驱车往返几十公里。下课后，陪他在游泳馆继续泡着，和孩子一遍遍地看视频，熟悉动作，和教练沟通。终于在第十五节课时，盼盼学会了游泳。虽然他的进度要远远慢于其他孩子，但这对盼盼和妈妈来说，却是一个具有里程碑意义的大事件。

第三步：Practice More（多练）。教练对盼盼说："祝贺你学会了游泳，但这并不是结束，而是刚刚开始。"盼盼妈妈是一名老师，多年的教学让她深知练习的重要。什么时候能感受到在水中的灵活和惬意才算真正如鱼得水。所以盼盼整个暑假，基本都泡在游泳馆。真正的兴趣是在反复练习中产生的，自信也是在不断地重复中建立起来的。一个月过去了，盼盼在水下能和在岸上一样很好地控制自己的身体，一种由内而外的力量默默散发。对一项新技能的掌握，让盼盼的眼神和走路的姿势都藏着呼之欲出的自信的力量。

同时一起学习的还有个小伙伴，那个孩子要比盼盼早毕业一周，也就是说，他只用七天就学会了蛙泳。但那个暑假他再也没游过，他的"会游"只停留在最后一节课的那天。后来，偶尔有一次两个孩子在游泳馆相遇，那个孩子完全忘记了章法，不得已又套上了游泳圈，而盼盼则像一条真正的鱼儿，在水中游刃有余。开学后，天气逐渐转凉，盼盼妈妈依然坚持每周末带盼盼游泳两个小时。寒假时全家去海南玩，酒店的泳池里自然少不了盼盼的身影，快乐似乎加倍了。自从学会了游泳，盼盼也明白了一个道理，一件事做完了不能没有下文，学习一个技能并保持练习，它可以给你带来很多便利和快乐。正可谓念念不忘，必有回响。

印象中，内向孩子的自信不太容易获得。其实关键在于时间，因为能力的获得来自技能的娴熟，而娴熟的技能可以催生自信。

我们再来看一个孩子。

莎莎是个女孩，爱看书，在家里经常把自己的想法说得头头是道，但在外面，话却不多。每当班里有讲故事，作报告之类的活动，妈妈都会征求她的意见，每次莎莎都说不参加。一晃，莎莎读小学三年级了，班级群中时不时会有老师发的其他同学的表演视频，细心的妈妈发现，莎莎在观看的时候，眼中藏着某种热切，还有一点儿失落。

莎莎妈妈问自己，我还能给女儿更多的帮助吗？她的人生还那么长，是一直陪她做观众还是偶尔推她登台展示一下？于是，莎莎妈妈开始重新思考在这件事上的态度。刚巧，下一周有个"荐书会"活动，要求参加活动的人用三分钟的演讲来向同学们推荐一本自己喜欢的书。在妈妈的鼓励下，莎莎同意参加了。

报名简单，过程不易。为了让女儿在这个活动中有出色的表现，妈妈和莎莎精心选书，认真写稿，不到十分钟，聪明的莎莎就把演讲词背下来了，但对于从未登过台的莎莎来说，她的舞台表现力犹如白开水，寡淡无奇。

妈妈把她练习演讲的过程拍了下来，然后和莎莎一起看回放，发现如下问题：

（1）腿为什么一直在抖？

（2）手中的那本书为何一直僵硬地捧着，以至于挡住了脸？

（3）怎么说了那么多"然后"？

虽然检查出这么多毛病，但莎莎却很兴奋，即便是在家里演练，这一切对莎莎来说也是全新的体验。就这样，妈妈陪着她讲、录、看，不断地重复。平时感觉不到的瑕疵，通过观察和反馈，不断得以纠正。整个过程也是态势喜人，莎莎一次比一次熟练，还会时不时自我发挥一下。一周后，莎莎顺利地完成了班级内的这次演讲，让老师和同学们刮目相看。

心理学教授安德斯·艾利克森在《刻意练习》中说过："我们留给孩子最重要的礼物，是帮助他们发展出本来认为自己不可能具备的能力，从而挖掘出自身的潜质，也知道要让自己的梦想成真，应该用什么方法，付出怎样的努力。"

反复训练后，你所学习的技能最终将变成你的能力，自信也就随之而来了。对于内向孩子来说，采用刻意练习是帮助他们蓄满能量、建立自信的稳妥之道。但这个过程可能冗长枯燥，并且一定要有一个知心教练。无论一个运动员多么厉害，都需要一个教练。很多教练的能力可能已经不如学生，但他们还有一个很重要的作用是反馈，对学生进行持续的跟踪和检验，以帮助他们不断提高。技能的由浅到深是熟练度的积累，在内向孩子建立自信的这条路上，父母就在充当这个教练。

任何一个内向孩子的改变，都有迹可循，不是出身，不是基因，而是家庭。盼盼妈妈和莎莎妈妈有个共同的特点，她们熟知孩子的特点和天性，深谙内向之道，在接纳和包容的前提下，有意识地陪伴孩子练习。娴熟的技能或者本领一旦被掌握，内向孩子的自信也就不请自来。

⭐ 不要比较，他已优于过去的自己

如果有一棵自己喜欢的树，寻常的林荫道也能变成特别的场所。

——松浦弥太郎

很多内向孩子成长的路上，都有一个共同的"敌人"，那就是"外向孩子"。它常常出现在孩子们表现不够勇敢的时候："你看谁谁，从来不吃亏！"在孩子们表现得很好的时候，它也会出现："下次你要像谁谁一样，再勇敢一点儿。"外向者的热情、勇敢和行动力是无比珍贵的；同样珍贵的还有内向孩子的安静、智慧、谨慎、倾听的能力。只是，大多数的家长认为这些优势和吃饭、睡觉一样理所当然。也就是说，其实每个孩子身上的优点都触手可及，只是没有引起父母的足够重视。无论天性如何，他都能够打好手中的牌。

如果你是一名老师，无论是教授小宝宝的早教老师还是和成年人互动的大学老师，只要你面对的是一群学生，一定是内外向孩子的组合，他们的区别非常明显，但是为了照顾到多数人的需要，学校生活的节奏和氛围似乎更偏爱外向的孩子。那么无疑，家庭是留给内向孩子唯一的一片净土。遗憾的是，有些父母对内向孩子并不友好。

在一个视唱练耳的培训班里，老师在给五个孩子上课。他们大概五六岁，正处在坐不住板凳又叽叽喳喳的年龄。芊芊是个五岁的女孩，她具有固定的音感，听音极准，老师很喜欢她，但是最近她不太愿意来上课，因为幼小的身躯里背着一个沉重的负担——妈妈施加的压力。芊芊的妈妈深知在幼儿园班级里三十多个孩子，芊芊属于"啥好事都捞不着"的那种，而在视唱练耳班，只有五个孩子，这回竞争一下总可以了吧，但芊芊仍然不主动，即便是在家告诉了她那么多遍你要举手，她依然在竞争环节慢半拍，鼓励的话和奖励的糖都用过了，在芊芊身上丝毫不起作用，这让妈妈感到很挫败。

这天，老师讲到一半又像变戏法一样拿出一沓贴纸，并且慢条斯理得像扑克牌一样在手里捻开，说："谁第一个来前面唱谁就有权利第一个选贴纸。"老师话音刚落，"我来！我来！"踊跃的声音响彻整个教室，四个孩子的手都快举到老师鼻子尖，芊芊依然坐在那里没有动。等到第四个孩子唱完选完美滋滋回到座位后，老师温柔地看着芊芊说："小芊芊，现在轮到你了哦。"芊芊略显迟疑地从座位上站起来，本来两秒就能走到老师面前，但她慢吞吞地挪着步子，妈妈实在忍不住在芊芊的背后狠狠地推了一把并低声吼她："你赶紧去啊！"在老师和同学面前，穿着优雅裙子的她被妈妈推得身体一歪，险些摔倒。从芊芊走进教室那一刻起，她就在给自己蓄能，她的勇气像一个五分熟的鸡蛋，还没怎么变结实，就被妈妈粗暴的一推给捅破了。

可悲的是，有多少个芊芊妈妈，就有多少个芊芊这样的孩子。芊芊妈妈有一个执念：自己的孩子应该像别的孩子一样，高高举起小手，完美地回答问题，再圆满地回到座位。是啊，没理由不举手啊，因为她是这里面最具天赋、听音最棒的孩子啊。

仙人掌很酷，玫瑰很美。强行比较无异于给玫瑰拔刺，给仙人掌浇水。作为父母，的确可以积极地推动孩子去往外向的方向，但到什么程度，轻推还是强迫，是有区别的。父母的每一次比较，给孩子传递的信息都是你还有很多不足。孩子会将父母的评价变为对自己的认知：我不够好。在这种心理的驱使下，孩子既不会变得外向，也不会发展出内向人格中的许多优秀特质，这实在是一笔很大的损失。

诚然，父母有责任引导和鼓励孩子变得自信，但对勇气和自信的锻炼不是一蹴而就，需要小步前进。当父母把关注点放在别的孩子身上的优点时，就会自动屏蔽自己孩子的优点，转而把能量用在纠错和批评上。事实是，孩子每天都在成长和进步，能力也在逐渐提高，父母放下心急和焦虑，尝试做到以下四个方面，过一段时间后，再看看身边这个内向孩子，说不定会有不一样的发现。

1. 发掘并欣赏孩子的优点

每个人都是独一无二的，即使双胞胎也具有各自的优势。每一个事物都有很多面，任何事情，换一个角度，都会不同。我们需要尊重这个差异，而不是幻想把仙人掌变玫瑰。我们总是能看到别人家孩子的优点，是因为有限的视角和被动接收信息的习惯导致的。但我们忽略了一个事实：基因、天赋、成长环境、培养方式、家庭氛围都不一样，孩子的行为表现和特长肯定不同。我们可以先把目光转向自己的孩子，发现他身上的优势并加以鼓励和称赞，从而激发孩子的内在力量。

2. 正视差异

有个妈妈觉得自己的孩子太宅了，缺乏运动。妈妈认为孩子就应该是蹦蹦跳跳。这世间什么都有，唯独没有"应该"，如果我们用"应该"来指挥所有的孩子，就是忽略天性，没有从实际需要出发。内向孩子和外向孩子最大的区别就是获取能量的方式不同。逼着一个安静的孩子变得好动或者硬生生按住一个爱动的孩子坐在那里，都是有悖天性的。

3. 善用比较

有时候我们嘴上说不要比较，其实这有点儿自欺欺人，因为根本办不到。比较无处不在，我们不能绝对地回避比较。正确地认识比较，可以帮助我们进步。真正的高贵，是优于过去的自己。原来和陌生人说话就脸红，现在可以面对全班同学发言，这是一个多么激动人心的进步。父母发自内心地去肯定，去看见，激发孩子内在的力量，而不是把着眼点放在别家孩子身上，那就永远看不到自己孩子的进步了。

有个妈妈讲到女儿运动能力差，身体不太协调，所以对是否让孩子参与运动相关的兴趣班比较犹豫。我以前也有类似的想法，不希望孩子用自己的短板去拼别人的优势。其实这里的关键点是，孩子是和自己比而不是和别的孩子比。小象运动天赋并不强，所以她学习运动有关的课都是以强身健体为主，坚持做这件事，可以很明显地看到她的运动能力大大提高。小象读小学一年级的时候，体育老师的评语都是"有待提高"，而读三年级时评语有些项目已经是优秀了。和别人比，只能越比越沮丧，若基于天性不同硬生生比较，那就是死路一条，根本行不通；和自己比，日积月累，能看到更好的自己。

4. 反思自己

比较后，我们成年人会有很多感觉，比如焦虑、懊悔、失望、担心、无力感。比较是挥之不去的，但不要把比较后带来的焦虑感让孩子来买单。这些感受会让父母很难用客观的眼光看待孩子，会把自家孩子的缺点放大，这会让父母心理不平衡，丧失理性思考，盲目跟随。既干扰了自己的原则和判断，也打乱了孩子原本的节奏。有些父母只看到别人家孩子某些方面优秀，而没有反思自己为何给不了孩子一个良好的家庭氛围，也不去思考要怎样培养孩子，只比较不反思，从某种意义上说，也是在逃避为人父母的责任。

世界上没有绝对比我们差或者比我们好的人。从这个意义上来说，每个人都是佼佼者。所以，单纯比较是没有意义的。思考和行动带来优化后的重新成长，才有意义。

★ 不要过度保护，他本可以！

父母的爱让婴儿在这个危险的世界里感到安全，让他们敢于尝试和探索周围的环境。

——劳伦斯·科恩《游戏力养育》

如果你养育着一个内向孩子，就需要审视一下自己的养育方式，你和孩子相处的日常有没有说过这样的话："要不要妈妈帮忙？我来弄吧，你站在一边等我就好……"面对问题和困难，你怎样与孩子互动才会导致他对某些情况出现特殊的反应？这就好比告诉他们：你不用全力以赴，不用想办法，交给我就好。家长的行为强化了孩子的想法：是的，我的世界里没有难题，因为有你。

但孩子，这个五光十色的社会，离开父母的庇护后，依然存在风险和危机。

冉冉读小学三年级，一天学校有演出，她需要额外再带一件衣服，妈妈忙着手中的事，等她回过头来时看见冉冉依然坐在那里，妈妈问："马上要出门了怎么还没准备好东西？"冉冉很自然地说："我不知道怎样保管那件衣服。"妈妈说："你放到整理箱里就可以了啊。"冉冉说："整理箱不在学校。"妈妈说："你可以放到书桌里面啊！"冉冉说："书桌里已经没有多余空间。"妈妈感到脑袋一阵眩晕，但她继续在帮助冉冉想办法："你可以挂在椅子上。"冉冉说："后面的同学会碰掉。"在这个忙乱的早晨因为一件衣服迟迟出不了门，冉冉的妈妈忍不住冲她喊了起来："那你说怎么办？"

冉冉觉得自己非常无辜，从进入小学开始，每当有这样那样的活动，妈妈都安排得井井有条，为了防止孩子弄丢东西，妈妈每次都会想很多办法，确保孩子无须为保管物品花费心思。今天，妈妈由于匆忙，没能这么做时，却本能地以为冉冉什么都应该会。

冉冉的妈妈犯了一个错误：她为了避免麻烦，会尽最大努力扫清冉冉在学校可能遇到的障碍。比如，忘记带水杯她会飞车送过去，感冒药怕孩子打不开药瓶盖，她会事先在家里把吸管插好。她曾经给予冉冉太多的保护，现如今，她忽然向孩子要求她不曾给予的东西，比如独立、解决问题等，然后才忽然发现她的孩子全都做不到。

与外向孩子的父母比起来，内向孩子的父母对孩子似乎更愿意对他们进行过度保护。过度保护是一种经过拙劣伪装的爱，它的实质是一种控制，限制孩子的自主权和独立性。如果内向孩子的父母能够避开以下四个坑，让孩子脱离过度保护，他一定会变得勇敢坚强起来。

1. 分散注意力

负面情绪是孩子成长过程中的必备粮食，虽然不好吃，但却能壮身体，但是有些父母见不得孩子失望难过，总是急于把孩子从负面情绪中解救出来。欢欢的狗死了，她哭得肝肠寸断，为了不让孩子难过，父母带她参加各种活动聚会，试图把她从悲伤中解救出来。其实，最佳的治愈途径就是和悲伤待在一起，去直面情绪，去经历悲伤。同理，当孩子失去心爱的宠物，弄丢心爱的玩具，不要急于转移和哄劝，而是温和地告诉她事实。孩子没有想象中脆弱，体验负面情绪会让她的内心变得更坚强。父母要意识到，未来的很多事情根本不在父母的控制之中。从长远来看，孩子是一个独立的个体，父母不可能一直给孩子提供一个坚不可摧的保护伞，孩子有权利靠内在生命力的驱使形成自己的思想、感情和意志力。

2. 严格设限

学校的运动社团报名，小强的妈妈怕他受伤，不让他参与。为了回避危险，她也尽量避免带孩子出远门，担心在异国他乡生病带来的恐慌与麻烦。走在平坦的马路上也有摔倒的可能，在家里也一样会生病。再说谁又能保证，这样的保护就真的能保护孩子一辈子呢？不摔一跤，怎么知道疼的滋味，怎么避免摔下一跤呢？

3. 操纵结果

爸爸和小明下象棋总是故意输。父母有责任引导孩子正确认识成功和失败。如果孩子害怕失败，是因为没有认识到失败和成功的关系：人不会永远失败，在成功之前一定经历了很多失败，失败不可避免，关键是从失败中学习。结果是随机的，有时是可控的，有时是不可控的，若孩子在家中只经历过一种 "好" 的结果，当有一天面对外界的各种结果时，他又怎么能够招架得住呢？

4. 替孩子做选择

菲菲妈妈带她去参加一个聚会,一个小朋友问菲菲要不要玩捉迷藏的游戏,还没等菲菲回答,妈妈就说:"不玩,她怕黑。"大家一起吃午餐时,小伙伴问菲菲要不要尝一尝某个菜,妈妈也是第一时间脱口而出:"菲菲不吃,太辣了。"作为教育的先行者,妈妈不给孩子思考和决策的机会,阻挡孩子行使自主权。等到孩子再长大一些,需要处理复杂的人际关系时,父母会反过来埋怨孩子为什么没有主见,却从未想过尝试的大门是父母亲手关闭的。

每个孩子都需要父母的保护,但是过犹不及。尤其是内向孩子,父母的每一次保护和包办,都是在无声地鼓励他们回避困难。孩子就会相信:处理困难的方法就是回避、找借口、放弃。他们也许还会产生罪恶感,觉得自己干什么都不行。

内向的孩子的父母,更要有意识地提供一些合适的帮助后,就淡定地站在孩子身后,不干涉,不多言。帮助他们认识到逆境是生活的一部分,并且鼓励他们调动起自己的能量去面对和解决。在这个过程中,父母要保持尊重和理解的姿态,不要让孩子被困难击打得信心全无或者被苛刻对待。可以用"我们是一伙的"这样的态度给内向孩子讲一些让她产生共鸣的故事,比如,父母小时候是如何跳过那些障碍,他们会受益匪浅。让孩子知道:只要勇敢面对,大胆去做,就能从困难中恢复过来,你一定能做到!

★ 不要怕犯错，再糟糕的事情也有闪光点

错误是学习的好机会。

——简·尼尔森《正面管教》

有几个孩子犯了同样的错误。小A马上认错，并且满口说好话哄父母开心；小B拒不认错，被批评后非常不服气，甚至还会怼回去；小C知错不认，怨天怨地怨别人，总之先把自己的责任撇清；小D是个内向孩子，他会表现出害怕和无助，而且自尊心更强，一般不会为自己辩解，只会选择沉默或者哭泣。

面对错误，很多父母可能满足于孩子的认错态度良好，也有的父母会数落孩子一番，当然，也有很多父母会惩罚，包括但不限于质问、责备、禁足和打骂。这都是因为家长对于错误存在这样的认知：错误是不好的；人不应该犯错；犯的人错误是愚蠢的、无能的、糟糕的；犯错意味着失败。当父母怀揣这样的认知时，面对孩子的错误很难保持淡定。如果我们把对于错误的观念修正为"错误是学习的好机会"，孩子反而会收获成长。但不管怎样，批评都是不中听的，对前三个孩子来说，挨批评后的感受好不到哪里去，但同样程度的批评，对敏感内向的小D而言很可能就是一场灾难。基于内向孩子的敏感性格特质，对于他们犯错后的处理，要更柔性。

1. 用引导

在孩子小时候，父母扮演更多的角色是导师，即你走向哪里，孩子就跟随到哪里。如果我们不过多地关注错误，而是将关注点引向正面，孩子就会生长出勇气，而只有有了勇气，才能有力量和灵感去解决问题。"现在出了错，我们可以做什么呢？"这样的问话，就可以将孩子引向进步的方向，而且事后补救的能力充分说明了一个人具有什么样的创造力、行动力。

美国科学家史蒂芬·葛雷回忆自己在童年时，有一次，妈妈在阳台浇花时，五岁的他独自去冰箱里拿牛奶，失手把牛奶瓶掉在地上。母亲闻声赶来，看到满地的牛奶和愣在一边的葛雷，没有对他大呼小叫，而是说："哇，我从没见过白色的湖泊。在我们清理它之前，你要不要在里面玩几分钟？"葛雷瞬间放松下来，开心地玩地上的牛奶。几分钟后，母亲说："现在我们要把它清理干净，可以用海绵或者拖把，你想用哪个？"葛雷选择了海绵，他用那块海绵反复吸满牛奶再拧干。清理完地面，他的母亲又说："在如何有效地用两只小手拿稳一个大牛奶瓶上我们已经做了个失败的试验，现在再次尝试一下，我们到后院去，把瓶子装满水，看看你是否可以拿得动它。"葛雷学到了，如果他用双手抓住瓶子上端接近瓶嘴的地方，就可以拿稳它。这位科学家说："这堂课真棒，使我知道不需要害怕错误，错误只是学习新东西的机会。"长大后，他做的每一次实验也是如此，即使失败，他也会从中学到有价值的东西。

无独有偶，我女儿小象三岁的时候，类似的事情发生了。她弄翻了桌子上的牛奶杯。当她本能地用惊恐的眼神看着我时，我说"妈妈在三十多岁还会弄翻东西呢"，小象的表情瞬间放松下来。然后我递给她一块纸巾，三岁的她认真地用纸巾吸走了桌上每一点水渍。这是在展示自己的能力，对于三岁的孩子来说，再贵的牛奶也比不过这些学习和体验。

2. 用感受

随着很多父母对自己内向孩子的天性的了解，我们似乎对内向孩子更加包容。但好妈妈的定义不是让孩子一直都高兴，如果我们过度保护，给她树立起一个人为的保护屏障，不给试错的机会，实际在暗示他们：你是弱小的、无能力的，只要一发生伤害，就立刻出现大人的救援与安慰，孩子就会越来越依赖妈妈，对环境的调节能力也会慢慢下降。内向孩子善于独处，独处会让他们蓄能并且放松。当他们犯错后，父母稍做提醒就好，剩下的交给时间和他自己，不要急于救援，让他和自己的感受待一会儿。在成年人的世界里，和负面感受共处的能力能够充分证明一个人的成熟度。对孩子来说，负面感受也不是洪水猛兽，恰当管理因错误而产生的感受，实际上能够给孩子带来更宝贵的资源。

3. 用行动

五岁的"小宅男"黑豆最近很爱和楼下小朋友玩，这让妈妈很高兴。有一天黑豆用自己的电动汽车换回了一个纸飞机。这让妈妈大吃一惊，但她忍住了一箩筐的说教，只是告诉黑豆："小汽车是属于你的，你有权利支配它。"第二天，妈妈领着黑豆去玩具店，让他知道他的汽车值多少钱，能买多少个纸飞机。

尊重孩子的选择，不干预、不阻止，不批评，而是采取有效行动，直观地呈现两个事物的不同价值。尊重孩子的选择权和决定权。我们并不能保证孩子的每一次选择都是正确的，他们毕竟还小，在这个过程中他们肯定会摔几个跟头，走几段弯路，但孩子的选择能力和理解能力却在一次次尝试中得以提高。对内向孩子的教育切不可盲目和粗野，多一分理智和科学，把这份爱变得更深沉、更艺术。

4. 用幽默

元旦时家庭聚餐，小明的爸爸举起酒杯说"祝大家身体快乐！"说完意识到不对劲，开玩笑说出自己今天忘记喝聪明水了，所以变回傻瓜；开车走错路时，爸爸从不抱怨，而是故意调侃问："我的聪明水被谁喝了？"内向的孩子大多数拥有完美主义情结，在孩子面前嘲笑自己的错误，是让内向孩子知道：人人都会犯错误，有的错误可以一笑而过，有的错误需要认真对待，但都不必大动干戈，让他们理解有时即使做不到完美也是可以的。爸爸妈妈是不完美的家长，自己也是个不完美的小孩。

5. 用事实

他们有时也会高估自己失败的概率，低估了自己应付困难的能力。需要父母来帮助他们评估和适应。如果父母只是告诉他们"不要担心""一切都会好起来"作用并不大，内向孩子需要去面对并感受内心的恐惧。我们的目的是帮助孩子认识到，他所担心的事情有很小概率发生或者没发生的可能性。当他在错误面前气馁，而且抱怨自己一直犯错误时，那就帮他检测这个"一直"，比如，问他"你上次得了多少分？""记不记得你曾经教过我弹琴？"……用他曾经成功的事实来澄清眼下的错误并不意味着永久。

多虑是内向孩子的特点，父母有责任去帮助他们稀释错误带来的灾难性感受，用语言和行动告诉他们：错误不是世界末日，我们允许你犯错，接受你失败，再糟糕的错误，也能发现闪光点，我们会陪你一起寻找的。

第 7 章

chapter 7

为内向孩子搭建属于他的家，
滋养他的一生

温馨，是家庭不可或缺的元素，但是不是每个家庭的温馨气氛都是浑然天成、唾手可得呢？不是的。家庭氛围是孩子人生画布上的巨大的性格底色，这底色有深浅明暗，不同的孩子也带着不同的品格和特质从这一幅幅底色中走出来。好的家庭氛围就像肥沃土壤，会滋养孩子一生，而不好的家庭氛围却犹如毒药，会一点点蚕食孩子的生命。拥有良好的家庭氛围，是内向孩子一生的幸运，安全舒适的家庭氛围的，会让内向孩子抒发自己无处安放的魅力，也是孩子走向社会，面对困难的最大底气。

⭐ 内向孩子的家庭氛围

没有一个家庭是由完全相同的人组成的，试图确定一种理想的一致性并不能促进个人的健康发展，认识到每个家庭成员的独特天分和潜在贡献，这才是重点。

——马蒂·奥尔森·兰妮《内向孩子的潜在优势》

有一部根据真实的历史改编的电影叫作《国王的演讲》。乔治五世有六个孩子，大卫是长子，英俊自信；艾伯特是次子，不幸的是，他患有严重的口吃。乔治五世的教育风格专制严厉，小时候的艾伯特由于紧张，说话就会结巴，父亲就会冲着他大叫："快说啊！"艾伯特吃饭也会紧张，父亲也会嚷："吃啊！"艾伯特是左撇子，但幼小的他在笔还拿得不稳时却要被逼着使用右手写字。这些压力让一个成年人都无法招架，更别说是一个孩子了。七岁时，艾伯特的口吃更加严重了，甚至无法正常交谈。他的哥哥大卫顺理成章地成为王位继承人，并且自信聪明，头顶光环。而艾伯特的童年则充满了孤独、自卑和忧伤。最后，将艾伯特"治"好的，并不是高明的医生，而是一位戏剧导演。这位戏剧导演从心理上找到了艾伯特的病根，就是降低艾伯特的"挫败感"，帮他逐渐恢复了自信。

家庭氛围在孩子成长过程中的作用非常重要。从某种意义上说，家庭甚至决定一个内向孩子命运走向，这话并不为过。每个孩子都有自己的生理条件和先天个性，内向孩子在面对生活的变化和障碍时，他们可能需要付出更多的努力去克服困难，在这个过程中，父母如果按照以下原则去营造家庭氛围，对内向孩子来说，本身就是一种帮助，也是他们一生中特别幸运的事情。

原则1: 尊重天性

我们都知道猫的天性是抓老鼠，也就是说猫实际上是纯粹的肉食性动物。但近几十年，人类对它们进行了营养虐待，一厢情愿地让它们食用并非是它们需求的东西，这并不会让猫立即受到伤害甚至死亡，但会使它们整体生命活力下降，天性尽失，出现退行性改变。动物尚且如此，更不用说比动物更加复杂的人类了。忽略天性或者明知道天性如此还偏要向相反方向使劲的做法，对这个个体是极其不尊重甚至残酷的。每个孩子天生的体质、性格、秉性都有不同，何来放之四海而皆准的教育方法呢？

很多内向孩子的父母希望孩子坚强积极，敢闯敢干，这在源头就错了。这些品质在内向孩子身上不是不能实现，而是不能马上实现。内向孩子的变化最少甚至要以年来衡量，父母要认清路，沉住气，不能一蹴而就。如果父母对孩子的天性不了解，非要把孩子塞进外向主流节奏中，孩子的成长之路就不知道偏离到哪里去了。

原则2: 营造轻松自由的家庭氛围

在前面的章节中，我们提到内向孩子相对比较敏感，他们有时会对别人的言行产生误解，把善意的玩笑解读为对自己的攻击，他们会经常闷闷不乐，当然也会哭。同样的一件事，别的孩子一笑而过，小象却要生气好半天。这一度让我很烦恼——她长大了怎么融入社会？好在这些年的学习让我在面对问题时练就了一个本领——一念之转：与其我跟着她一块生气，不如琢磨一下如何让她变得"厚脸皮"。我是个玩商很低的人，不太会变着法地让孩子快乐，这方面，小象爸爸很好地弥补了我的无趣。有一次小象又因为一件小事生气了，爸爸坐到她面前也"生气"，她瞪眼睛，爸爸也瞪，她耸鼻子，爸爸也耸，她双手叉腰，爸爸故意把双手放到髋骨两侧，小象扑哧就笑了，说你那也不是腰呀！爸爸说，我的腰就长在这里！刚刚还是个气筒子，一会儿工夫就笑得前仰后合了。平时，我们也会陪她玩扔袜子游戏，偶尔打到头上小象就会不高兴，后来我们故意自己挨打，还做出晕倒状，有一次袜子稳稳地落在爸爸脑袋上，爸爸不但没生气，反而高呼幸运，真是超级滑稽。以前，她不高兴时，家人会去劝她，并且附上"生气不好"之类的话，小象每次都会气急败坏地说："我就是爱生气！"现在，偶尔她不高兴的时候，这句话还是会说，但是变成了"我就是爱生气，生气使我快乐"。当她把生气的目的说成是快乐的时候，其实是在给自己打圆场，也是在帮助自己从负面情绪中快速走出来的一个她自己认为"隐藏"的挺好的方式。她从未因为生气受到父母的指责，反而逐渐生气的情况变少了。这些游戏以及游戏所带来的温暖记忆都会存储到她的记忆中，逐渐覆盖童年的焦虑。

相信每个家庭都是充满爱的，但是这份爱如何流淌出来有很多方式，可以是温和体贴的，也可以是父母和孩子之间装疯卖傻的打闹。这都会让孩子感到放松和安全，但是，如果以讽刺、挖苦、说教为载体，爱就传递不出去。若没有爱的氛围，何谈"改造"内向的孩子呢？

原则3：帮助孩子建立自尊，肯定自我价值

小象一年级时，有一次回来和我说，她的画被放在学校门廊的展板上了，这本是一件值得高兴的事，但她说，有个男生说她画得最丑。我问她："你自己觉得你画得怎样？"我心想如果她说好，那我就说你自己认为好就可以了，但她说："被他一说我也觉得我画得不好。"这可坏了，一个艺术作品打多少分，这本是没有标准答案的，它的价值在创作者的心中，不仅是呈现在墙上的样子，还包含他的心思和努力。我告诉小象："很多东西是无法仅用眼睛来评说的，更不是一句轻率的评价就能推翻一切的。你画的奶奶家他去过吗？你画的山顶他登上过吗？角落里的小松鼠他知道是怎么回事吗？"小象说他肯定不知道，我说："那你还相信他的话吗？"小象说不信了。我又告诉她："如果再遇到这样的事情，你可以微笑一下不再说话，如果对方还是穷追不舍，那就说'那是你的看法，我很喜欢我的画'。也可以说'这是我的画，我喜欢就可以，和你无关'。"

一个能够肯定自我价值的孩子，不会因为别人的评价而轻易改变自己的看法。诚然，孩子越大，越希望得到伙伴的认同，特别容易屈服于伙伴压力去改变自己的初衷，所以引导孩子不能完全受到同龄人的影响，在某些情况下坚持做自己，这很重要。

原则4：鼓励无处不在

经常肯定她，让鼓励流淌于日常。当孩子对你说"老师让我收书本"，父母可以随口自然地说出"看来老师很信任你"，既不过度渲染，也不是置之不理。孩子稍微大一些，就会受到同学、老师、媒体，社会价值观的影响，孩子年纪尚小，自我概念和判断能力没有完全形成，不可能用一己之力去抗衡来自周围那么多的影响，比如挣很多钱才是成功，上台演出就是炫耀等。这时候家庭需要支持孩子，通过自己的言行和对孩子的教育把她拉回到正确客观的轨道。平时和他一起探讨：比如，你心目中的幸福是什么？尊重并鼓励他的每一个答案；客观分析孩子在各方面的能力：你打篮球不够好，但你游泳好。引导孩子从多方面认识自己，客观看待自己，从而提高对自己的整体评价。

真实的生活里，不存在单一的养育方式，内向或外向的养育方式有时界限也并非泾渭分明，不是听到一句口号或者建议就去在自己孩子身上执行，说到底，家庭永远是最有力的基石。在内向孩子的家庭中，有些父母既想努力保护孩子又想锻炼他的独立，其实亲密与独立并不矛盾，经常关注孩子感受，成为孩子力量的来源，孩子会更独立。家庭好比盖房子，理想的状况是地基扎实、材料结实、结构合理，哪怕遇到刮风下雨之类的灾害，房子也不会倒塌。很多来自外界的评价是无孔不入的，你不说他胆小，还会有别人说。孩子受到影响的程度高低取决于家庭营造的勇气壁垒是否坚固，父母能够在家庭中做的教育其实真的很多，不需要花钱，只需要用心。

★ 父母的爱——看不见的设计，看得见的美

> 父母和老师必须时时想到：正确的教导可以帮助孩子养成并保持乐观心态，同时更积极的重要经历也会使其乐观更稳固。
>
> ——马丁·塞利格曼等，《教出乐观的孩子》

内向孩子在某些方面很好教养，在某些方面又很难教养。比如，他们安静、配合、聪明，但又默默无闻，胆小退缩。在外向孩子身上发生的平常事件，在内向孩子身上可能被称之为"挫折"。所以，内向孩子的起跑时间可能会比较长，他们需要花更多的时间去准备和适应。父母要陪他一起承受，你可以不喜欢他的反应，但你必须尊重他的感受。直到有一天他可以独自面对。在家庭中，父母不需要公告牌，不需要写规划，仅仅是润物细无声的做法，就好像大自然的鬼斧神工，不经意的设计，多年沉淀下来，就会潜移默化地渗透内向孩子的内心。

1. 接触各种体验

花花7岁时，有一次她的美术班发出通知：周日全天去雕塑公园写生，自备雨具，学校提供午餐。听起来像是一次夏令营。这令很多孩子兴奋，但当花花得知这个消息，一整天都忧心忡忡，于是妈妈耐心地开导花花。

妈妈：你们学校有一次组织去博物馆，不就跟这个写生一样吗？

花花：不一样，去博物馆只有半天。

妈妈：你每天上学也和爸爸妈妈分开一整天呀？

花花：但是有我熟悉的同学啊！

妈妈：这个美术班的同学你也认识呀？

花花：还不够熟。

妈妈：写生就好比只是换了个上课地点而已。

花花：那我也不敢。

花花的妈妈也做了一番调查：她被小朋友欺负了？被老师批评了？画得不好看？唉，都不是。花花自己也说不清恐惧来自哪里，但是泪如潮水。

妈妈把这个情况和老师说了，老师马上给了花花强有力的支持，告诉她在校车上可以和老师坐在一起，带着电话手表随时可以给家里打电话，写生结束会让家长第一个接她。即便有这么多的优待，花花的焦虑也没有得到多少缓解。老师说要不就参加秋季那期吧，花花的妈妈却还想再努努力。因为她发现，花花也配合着准备了写生的东西，这表明，她的恐惧浓度并没有那么高。把恐惧想象成是一杆旗，花花现在处于跳一跳，够得到的位置。需要有一个人推她一下，无限接近恐惧之旗，再去摘下它。

写生那天早上，老师们忙前忙后准备材料，孩子们叽叽喳喳，兴奋而又期待，只有花花自己坐在那里，像一尊雕像。在孩子们排队准备出发时，花花看到站在家长群里的妈妈就哭了出来。妈妈忍住冲上去的冲动，给了花花一个大大的微笑和一个加油的手势。在这个"紧要关头"，老师也和妈妈心照不宣，她牵起花花的手，带领十多个孩子上了大巴车。花花妈妈刚才想象的抱大腿继续哭号的场面并没有出现，车就开走了。在那一瞬间，花花的妈妈有个感觉，花花已经摘掉恐惧之旗了。二十分钟后，老师发来照片，花花像没事人一样，在车上吃东西呢。后面发生的事情就平淡无奇了，这只是一堂写生课而已。妈妈并没有中途去接她，晚上再见面时，和早上不同的是，装满食物的兜子空了，手里多了一幅写生作品。

一转眼，三个月后，秋季的写生课又开始了。

妈妈：下周你们写生。

花花：去哪儿？

妈妈：伪皇宫，是末代皇帝溥仪住的地方。

花花：有宫殿吗？

妈妈：有，不过和你在童话故事里看的城堡不一样。

花花：那是什么样？

妈妈：去了才知道。

花花：好吧。

相比上一次，这次写生的动员工作就容易多了。花花能感受到我是安全的，这个世界对我是友好的，无论进或退，我都是被接纳的。在内向孩子的成长道路上，该来的早晚会来吗？未必的。等待固然有道理，但是父母也要适度推动，这个力度既不能让孩子感到疼，也不能给她前面是万丈深渊的恐惧感。如果因为家长心疼他们，而错失很多体验，其实对内向孩子来说是很不合适的。

2. 捕捉每一次机会

琳琳的妈妈从孩子一年级入学开始，就为孩子争取表现的机会。诸如登台演出这样的机会比较稀缺，琳琳的妈妈就尽自己所能认真地帮琳琳准备每次板报。从版面设计到打印照片，每件创作都非常用心。果然，班级内、学校的走廊、学校的公众平台上，都能看到琳琳的作品，虽然没有舞台的灯光和掌声，但这也是让她获得越来越多的赞美的方式之一。琳琳每次写完作文，妈妈都要求她修改并誊写好再交上去，字迹工整清晰，老师给出的高分和赞美也会让她自信。学校的舞蹈社团最近要排练一个扇子舞，让孩子们准备扇子，但老师并没有明确说明什么样的扇子，由于是社团活动很多家长也没有太重视。但琳琳的妈妈去问了老师关于扇子的具体要求。当孩子们带着各种各样的扇子来到社团活动那天，只有琳琳一个人的扇子是合格的，被老师记住了名字，得到了老师的表扬，而且让她站在前面把扇子展示了一下。下课时大家都围过来问琳琳的扇子是在哪里买的。这让琳琳有一种被需要的感觉。

3. 争取处于明星地位

果果妈妈从不认为自己的孩子与舞台无缘。和其他内向孩子的妈妈比起来，果果妈妈非常乐观。她总是告诉果果，生活中到处都是舞台。爷爷过生日，由果果带领全家唱生日歌，虽然只是领唱唱一句，仅需要五秒钟，但这五秒钟全场鸦雀无声，全家老老小小随着果果的一句号召全部拍手唱了起来，那"阵势"不亚于合唱团的领唱，不要小看五秒关注的力量。春节时，果果会在家人面前上演一场钢琴音乐会，而且盛装出席，担任主持人和参加和声，一个都不少，充满仪式感。果果妈妈认为不必非得参加儿童合唱团或者话剧社，享受艺术的过程远比获得专业能力重要。最可喜的是，果果在妈妈设计的这些舞台上，更加自信了。果果二年级时，她竞选班级小组长成功了；暑假开学，她报名参加读书分享会；三年级时又参加了一个学校的竞选。说实话，果果妈妈也没想到她能勇敢地一次次举起小手去争取那些稀有的机会。虽是意料之外，但又在情理之中，因为当一个内向孩子被爱支持与包围，可能就无所畏惧了吧。

4. 设立主权日

在小可家，爸爸妈妈就经常出"幺蛾子"，比如四岁时给他设立一个零食日，六岁时零钱日，现在八岁设立了一个主权日。在这一天，只要是在安全的范围内，他可以决定吃什么，做什么，甚至可以动手炒菜。除非他发出请求，否则其他家庭成员不得介入和干涉。小可的父母想让他在家庭这一方天地里通过这种方式获得充分的价值感和自信心。

内向孩子需要锻炼，这毋庸置疑，但是有些内向孩子的父母为了锻炼孩子，生硬地把孩子推向暂时还不属于他的勇敢，但事实是，勇气不是说来就来，对内向孩子来说，有家长陪同是个过渡阶段，不必担心会把他宠坏，更不要用种种假设来吓唬自己，比如，我如果帮了忙，孩子会不会长期依赖我。只有父母足够的无条件的爱在孩子的内心不断累积，他们才有足够的勇气去面对成长路上的各种假恶丑。记住：日子在前进，孩子的能力也在提升。帮助不等于全盘接管，而是在一个临界点轻轻地推动，并给予恰当的鼓励，然后在不远的地方看着他们就好，惊喜或许某一天就出现了。

后 ★ 记
postscript

　　这本书快截稿时，小象的班级举行读书分享会，她得到了一个机会，而这个机会，是要靠"抢"的。结果，小象成功了。这是我在她小时候完全不敢想象的，甚至是不敢奢望的。当然，我对我当时有这样的想法感到脸红——你怎么对孩子那么没自信呢？其实，是当时的我对自己没自信。

　　有多少妈妈在初为人母时无法适应自己的新角色？我们从小到大，一直受到主流价值观的影响，语文课本和思想品德都向我们展示了许多伟大母亲的形象：母亲是无所不能的、伟大的、无私的，母亲是一个像宇宙那么大的筐，里面装满了爱和能力。从天而降的身份和还没准备好的能力之间矛盾重重，于是，很多新手妈妈内心中都有个声音："不行，我招架不住母亲这个称号。"纵然婴儿用品准备得一应俱全，但现实中的我依然有赶鸭子上架的感觉：这个妈，不当不行了。

　　当我们不再像父辈一样忙于生计，当物质有了足够的改观时，开始把养育中更多的关注点放在了思考与观察，原来上天并不会给每个做父母的人同款的孩子。于是，在养育的最初几年，头脑里总有一个声音冒出来：她为什么就不能像谁谁一样？而心里又马上升出一股内疚：她在做她自己，父母不要干涉。我从教育书籍的鞭策和社会压力中逃出去又跳进来，好辛苦。

　　小象在幼儿园的某一天，老师往微信群里发了一些孩子们的视频，我的眼睛像放大镜一样放大每一寸角落去寻找我的孩子。终于，我在窗户附近找到了她。全班的孩子都在和老师一起跳舞，只有小象一个人跪在小板凳上，背对着全班，看着窗外。我的眼泪一下子就掉下来了，并且快速转发给小象的爸爸，我沮丧地说："小象很孤独。"他秒回我："她很自在。"在养育一个内向小孩的路上，我的先生的确给了我很多的支持和鼓励。随着孩子逐渐长大，我也更加明白，你抱定什么信念，你孩子的成长就符合什么轨迹。

一转眼，我当妈妈已经有十年了，孩子让我经历了更多事情，认识了更多人。我陪她长大，她让我成长。

我是个很宅的人。如果没有孩子，我不会跑到清迈去看大象，不会去玩刺激的网红秋千，更不会长途跋涉穿越腾格里沙漠。拜孩子所赐，我去做了我以为自己做不到的事情。

我经常焦虑，就像俄罗斯套娃一样，每当遇到困难我就用我的大号焦虑罩住孩子的小号焦虑。孩子从母亲身上获取的不仅仅是乳汁，还有安全与力量。于是不知什么时候开始，面对逆境时，我竟然能够神仙附体，丢下恐惧，迎难而上。

我有时并不注意自己的言行，对于某些事情随意发表见解。当你有了一个内向孩子后，她善于观察的眼睛会发现很多我自己意识不到的东西。

"你为什么当着他的面说你喜欢他，但是对我说你不喜欢他？

"你说要尊重隐私，为什么还发朋友圈讲我的故事？

"我四岁时你让我给乞丐钱，为什么现在见到乞丐却拉着我就走？

"你说安全第一，为什么等红灯时还发微信？"

孩子会察觉到我阳奉阴违的一面，促使我不得不面对自我，深刻反思。

正如心理学家芭芭拉·安吉丽思所言："你的孩子并不单纯是你的孩子，他们是你的老师、你的向导、向你挑战的人、把事实摆在你面前的人、治愈你心灵创伤的人、擦亮你灵魂的人。"是啊，孩子是从父母这里汲取力量的，而父母又何尝没有从孩子那里得到洗涤和锤炼？

感谢这几年的学习，我的内向孩子得到了非常大的改变。在读小学一年级时，小象经常说的话是："我数学不好，我体育不好，我画画不好。"她无法评价自己的目标和能力，看不到自己其他方面的优势。现在，无论是在学习、运动，还是社交、外貌方面她都能客观评价自己：我的体育虽然不太好，但其他都挺好；我虽然不是两道杠，但一道杠也不错。她对现在的自己很满意，自尊水平和自我评价都有了提升。

这是最好的时代，我们拥有前所未有的充足的美食、玩具和教育资源，也是最坏的时代，教育信息和资源的过剩让很多父母陷入焦虑，脱离养育的初衷。面对这样一个矛盾的世界，父母唯有从天性出发，尊重孩子本来的样子，才不会用错力，走错路。如果你想拥有一个与众不同的孩子，你首先要愿意拥有他。切忌自己心里有魔，束缚了孩子。当父母真正放下比较和担忧时，内在的稳定就能抵得过外界成百上千的噪声了。

我们的内向孩子是一定要和外向孩子在同一个世界里共处的，二者互补，而非对立。在这个世界上，人与人之间内外向的组合比比皆是，夫妻、父子、母女、兄妹、朋友……只要懂得欣赏差异，就不会因为性格不同而大动干戈，毕竟内向者和外向者都在着承担各自重要的作用，我们既需要谨慎和安静的思考，也需要热情和应对冲突的能力。正因为各自的存在，让内向者和外向者彼此的相处更加多彩，富于变化。

小象上三年级之后，朋友多了起来，其中外向孩子的比例似乎更高。我并未感到惊讶和欢喜，因为该来的会来，水到渠成。

性格塑造孩子，但并没有限定孩子。没人强迫外向孩子要不停地讲话，也没有人强迫内向孩子扎进书堆里面不出来。作为父母，我们的要务是，帮助孩子发现自己的与众不同，让他的生活更适合自己。外向孩子有时需要内向行为，反过来也一样，内向孩子在外向行为中也能驾轻就熟。所有的孩子们，只要被尊重天性，都是自由的。

我们要告诉自己，如果孩子内向，我们努力的方向是带领他勇敢地表达自己，让他的思维在外部世界得到发挥；如果孩子外向，我们要提醒孩子，要给予他人和自己足够的时间，行动前的思考甚至比行动本身还重要。

我们要告诉孩子，不管你是偏内向还是偏外向，在群体中，总会有人与你的"调调"不同，但这不意味着你或者他就是一个优秀的人或是个糟糕的人。每个人看世界的角度，以及与世界互动的方式都不同。

以上所讲，并非在某个夏日午后我们和孩子依偎在沙发上，和他讲一遍，孩子就能在复杂的世界里顺利通行，父母需要不断地示范、引领、教育、关怀，让这些道理和文字化作有温度的内涵，从而影响孩子的一生。

再次感谢您阅读完本书，这是对新手作者最实实在在的鼓励，也是对内向孩子强有力的帮助，同时也希望给捧着这本书的您送去支持和爱。